阅读成就思想……

Read to Achieve

治愈系心理学系列

摆脱精神内耗
为什么我们总被内疚、自责和负罪感支配

［美］瓦洛丽·伯顿（Valorie Burton）◎著
苑东明　刘惠◎译

Let Go of the
Guilt

Stop Beating Yourself Up and
Take Back Your Joy

中国人民大学出版社
·北京·

图书在版编目（CIP）数据

摆脱精神内耗：为什么我们总被内疚、自责和负罪感支配 /（美）瓦洛丽·伯顿（Valorie Burton）著；苑东明，刘惠译. -- 北京：中国人民大学出版社，2023.3
　　ISBN 978-7-300-31453-2

　　Ⅰ.①摆… Ⅱ.①瓦… ②苑… ③刘… Ⅲ.①心理学—通俗读物 Ⅳ.①B84-49

中国国家版本馆CIP数据核字（2023）第030044号

摆脱精神内耗：为什么我们总被内疚、自责和负罪感支配
【美】瓦洛丽·伯顿　著
苑东明　刘惠　译
BAITUO JINGSHEN NEIHAO: WEISHENME WOMEN ZONG BEI NEIJIU、ZIZE HE FUZUIGAN ZHIPEI

出版发行	中国人民大学出版社		
社　　址	北京中关村大街31号	邮政编码	100080
电　　话	010-62511242（总编室）	010-62511770（质管部）	
	010-82501766（邮购部）	010-62514148（门市部）	
	010-62515195（发行公司）	010-62515275（盗版举报）	
网　　址	http://www.crup.com.cn		
经　　销	新华书店		
印　　刷	天津中印联印务有限公司		
规　　格	148 mm×210 mm　32开本	版　　次	2023年3月第1版
印　　张	8　插页1	印　　次	2023年3月第1次印刷
字　　数	140 000	定　　价	65.00元

版权所有　　侵权必究　　印装差错　　负责调换

目录 Contents

引 言　别再让内疚感支配你的决策　/ 1
　　　　　是时候放下内疚了

第1章　你究竟在内疚什么　/ 19
　　　　　克服内疚感的第一步是把它说出来

第2章　层层剥开内疚感　/ 57
　　　　　认识并重写你的内在叙事

第3章　幸福是一种风险，内疚使人安全　/ 89
　　　　　诱使你放弃快乐、选择内疚的惊人习惯

第4章	女性更容易内疚 / 113
	时刻提醒自己,感觉好就是真的好

第5章	拥有自己的价值观 / 125
	确定什么对自己很重要,不要让别人为你做决定

第6章	内疚的积极意义 / 143
	为什么让你感到内疚的特质也能助你成功

第7章	重新设定你的期望 / 161
	建立快乐心态,不要让自己陷入内疚

第8章	拆掉内疚操控者的按钮 / 191
	避免内疚操控者影响你的行动和决策

第9章	找回你的快乐 / 223
	拥抱放下内疚、快乐生活的八个习惯

后 记	永远放下内疚的秘诀 / 245

引 言

别再让内疚感支配你的决策

是时候放下内疚了

我不知道是什么样的内疚感让你拿起了本书,但我知道,你并不孤单。我为你们写了这本书,而我接下来要分享的经历和方法也同样帮助过我自己。

无论有没有真的做错过什么,内疚之苦让我一直焦虑不安。更糟糕的是,内疚感会迫使我去做一些我本来就知道没有意义的事情——就像我开始写这本书之后不久所做的一件事。也许对你来说这样的事情大可一笑而过,但它却是一个典型的关于"内疚感如何闯入我们的生活,骑劫我们的情绪与选择"的例子。

那是一个周三的早上,6点55分左右,我们一家人的心情都不错。那天,我们比计划提前了几分钟。我五岁的儿子亚历克斯已经开心地穿好衣服,刷完牙,叠好被子,穿上鞋了。现在他的第一学年已经过半,我已经放弃了让他在餐桌上吃完早餐的想法。他不爱吃鸡蛋,也不爱吃烤面包,但我找到了一个新办法来哄他吃喜瑞欧(cheerios)麦片。我把麦片装在一个塑封袋里,往带扣合盖的杯子里冲上牛奶,这样他就可以在车上喝牛奶麦片粥了。在送他去公交车站的路上,如果他能快速吃完这份早餐,我就奖励他用我的手机玩上几分钟游戏。不错吧!比起想办法让他一大早坐下来吃完早饭,这个办法更容易,也能让我更快到达车站。这显然不是小时候妈妈管我吃早餐的办法,不过这招真管用。

就在我给他冲好牛奶后,亚历克斯问了一个简单的问题。他用甜甜的嗓音问我:"妈妈,今天我能在餐桌上吃麦片吗?"

现在,这听起来很是合情合理。但他吃饭慢,而我们也没有比计划的时间提前多少。可我由于感到内疚而做出的反应让那个早晨彻底乱了套。

如果依据逻辑和情理来回答他,那我的回答一定是:"不,今天不行。我们没时间。"然而,我的脑海里却不断地冒出一些负面想法。

可怜的孩子。

他必须这么早起床。天还黑着呢,我的老天爷啊!

他只有五岁,就不得不在早上7点15分到达公共汽车站。

他只是想在家里吃早餐,你却急吼吼地要带他出门。

接着,我自己的童年记忆开始在脑海中闪回。那时,我们每天早上走进厨房,就像走进了一家供应齐全的南方餐馆:

妈妈已经为你准备好了丰盛的早餐——鸡蛋、熏肉、玉米粥,黄油烤面包还是葡萄酱面包由你自己选,还有橙汁。每天早晨都是如此!

当你像自己的孩子这般大小时,你的妈妈总是有办法让你在厨房的餐桌上吃完饭,而现在你的孩子却不得不在车里吃麦片粥。

亚历克斯坐在那里看着我,扬起可爱的小脸,耐心地等我回答。我低头看着他的麦片袋,想起一段让我更加内疚的往事。

在我整个童年时期,只有那么一个早上,妈妈曾用麦片给我当早餐。我开玩笑地将那天早上称为"伟大的麦片实验日"——就那么一次，她试图节省一点时间，所以让我吃了一次这种大部分孩子每天早上都得吃的食物。

那时候我正上三年级，我们住在联邦德国法兰克福附近的一套两居室公寓里，因为我父亲在那里驻扎。我走进厨房，坐在餐桌旁，妈妈端来一碗牛奶泡卜卜米，里面加了超多的糖，这正合我的心意。

我非常爱吃卜卜米，每天放学后我都会把它当零食吃。但是为什么今天她要让我餐前吃这些？管它呢，只要好吃就行了。我一顿狼吞虎咽后，她又给我倒了一碗。

我又吃了个底朝天。这时她说："好了，我们走吧。"

我完全蒙了。"可我还没有吃早餐呢！"我抗议道。

"你说什么？你刚刚吃了两碗麦片粥。"她反问道。

我难以置信地看着她。"可麦片不是早餐食物，是零食啊！"

已经到出门去上学的时间了，见我如此反应，妈妈有点不知所措，同时又面露愧疚之色。

"现在已经没时间做早饭了，瓦洛丽，"她说，"我们必须走了，要不你上学会迟到，我上班也会迟到的。"

我抓起书包，一边往门外走，一边嘟囔着"真是无法相信，妈妈会不让我吃早餐就去上学"之类的话。

那是我唯一一次拿麦片当早餐。

几十年后，那个早晨的情景还不时地会在我脑海里闪过。你猜结果怎么着？虽然我儿子确实喜欢早餐吃麦片，但当年那个八岁的我却仿佛在成年的我耳边翻来覆去地低语："麦片不是早餐。"我也突然因为让儿子早餐吃麦片而感到一阵内疚。当把这种感受叠加在我那天早上的所有思绪之上时，你就会知道我是怎么回答亚历克斯这个简单的问题的。我知道从逻辑出发该怎么回答他，但这个时候逻辑回答不了亚历克斯，内疚感却能回答他：

当然了，宝贝。我们可以在这里吃，但你得快点。我本来没打算让你在家里吃早餐。

你能猜到接下来发生了什么吗？他慢条斯理地吃了起来。我设法让他吃快点，但当我们出门时，我知道如果我们还能按时到达公交站点，那几乎能算得上奇迹。亚历克斯就读于小镇另一头的一所私立学校，很幸运，我们住的地方离镇中心的一个公交站点只有几分钟路程。但如果我们不能按时到达那里，我们就得在滚滚车流中穿行40分钟才能到学校。

我紧握方向盘，好像这样我就能更快一点。我的目光在时钟和道路上来回切换。我绷紧肩膀，全神贯注地开着车。一路绿灯仿佛直接把我引向公交站点，整个过程就像一首行云流水的曲子。是的！也许奇迹真会出现！

我屏住呼吸，一边打方向盘冲进公交站点旁边的停车场，一边祈祷也许还有几个孩子正在上公交车。

突然，车子颠了一下。砰！我的轮胎重重地撞在了路牙石上。紧接着，我看到儿子要搭的公交车先倒车，然后驶出了停车场，就像电影里的慢镜头一样。

当时我想，如果继续往前开，我就能在公交车上主路前追上它。

我往路上倒了一下车，朝着公交车开去，希望能让司机注意到。但我能感觉到我的 SUV 至少有一个轮胎已经瘪了，车子开始侧倾，我能听到随着轮毂转动，瘪了的轮胎撞击沥青路面发出哐当哐当的声音。

"妈妈，我觉得你应该慢下来！"坐在后座上的亚历克斯建议。实际上，我们别无选择。我们以大约每小时 10 英里①的速度跌跌撞撞地追赶着公共汽车。幸亏司机看见了我们，把车停了下来。公交车的红色停车标志亮了，我立刻跳下车，跑到车的另一侧帮助亚历克斯下了车，然后又连跑带拽地把他送上了公交车。

他终于赶上车了。

我把车开进停车场，默默地坐着，身心疲惫。爆了两个车胎，亚历克斯差点错过公交车，一个原本很宁静、时间也充裕的早晨怎么就变成了这个样子？

不能简单地说，这只是因为我高估了我们的富余时间，或者亚历克斯不应在家里吃饭。真正的问题是内疚感。当亚历克斯问可不可以在餐桌上吃饭时，随之而来的内疚感骑劫了我的思维，并导致了我接下来的行动。由此引发的一切打乱了我的平静，致

---

① 1 英里 ≈ 1.61 千米。——译者注

使我要花 6 个多小时去拖车，还要花 800 多美元去修车。如果驾驶座上的我不为内疚感所困，所有这一切都是可以避免的，但它确实发生了。这可能就是为什么你和我会因这本书而相遇，这也可能是你为这本书所吸引的原因。

内疚感会暗中作祟。它不仅会剥夺你的快乐，更可怕的是，它甚至会在你还没有意识到发生了什么的情况下，操控你的思想和行为。它会触发你下意识的反应，使你去道歉，去过度补偿。它就像一名拳击冠军，会用娴熟的技巧打倒你。

无论脑海中有个声音是在提醒你那些未能达成的期望，还是在提醒你多年前犯下的、现在仍在为此付出代价的错误，内疚的情绪总是在重复传递这样的信息：

> 我有不足，我做得还不够，我做得不对。我应该做更多的事情，应该做有所不同的事情，应该做更好的事情，但我没有，所以我会感到内疚。这些毛病我会一犯再犯。最糟糕的是，我还把幸福当成了牺牲品。我用无休止的自责浇灭了幸福的火花。

我的情况是这样的，内疚感不只会因为某件小事而在某个早晨的某个时间在脑海里显现，还会在许多个早晨出现，盘桓竟日，再绵延入夜。它弥漫在我和孩子、丈夫、朋友、父母、我的员工的关系中。它已经影响到了我的经济，甚至精神生活。当对内疚感的这种泛在性认识提高之后，我开始发现它无处不在——不仅存在于我自己的生活中，而且存在于朋友的评论中，与客户进行的辅导会议中，以及我的女性读者的评论中。我不禁想，只有我在吃内疚感的苦头吗？还是所有女人都在与内疚感缠斗？

我认为内疚感在女性中更普遍。尤其是当代女性，她们承担着比以前任何一代人都要多的期待，这是由前辈们所没有经历过的机遇大迸发带来的。内疚感不是在渐渐消逝，它正以比以往更强烈的势头袭来。

当你让内疚感占据上风时，它便会下意识地支配你的决策——你的人际关系、你的金钱，甚至你的食物，以及你的宗教信仰。它会阻止你追逐自己的梦想，让你心生怨恨，让你的爱变得自私，让你推开自己真正想要的爱。

当你想说"不"的时候，内疚感会驱使你说"是"。

它会用一些漫无目的的事情将你的时间表填满，让你没有时间去做那些有意义的事情。它始终让你感到烦乱，让你心情沉重。

基于以前的经历和未曾审视过的期待，我的内疚感驱使我在那天早上同意了亚历克斯的要求。你看到内疚感很快就能打乱我们最好的打算了吧？在本书中，我会向你展示如何有意识地选择自己的想法，放下那些会导致不该有的内疚感的想法，以免其控制你的人生。

学会管理并转化内疚感

当你允许内疚感替你回应生活中的小问题时，你就会倾向于也让它来回应生活中的大问题。随之而来的后果就不像差点错过公交车或爆两个轮胎那么容易解决了。它导致的问题越大，造成的后果就会越严重。

这些年来，我不仅自己成功地战胜了内疚感，而且指导上百人解决了这个问题。妮科尔坦言她嫁给前夫是出于内疚。谢丽从不要求加薪，因为她觉得这样做很自私，会让她感到内疚。金觉得自己有义务继续在表妹的非营利机构做志愿者，因为十多年前自己最艰难的时候她曾施以援手。梅甘承认，内疚感几乎日日提醒着她它的存在，即使她根本就没有有意识地去想这件事。她为不能坚持健康饮食而自责，为没有做更多的运动而自责，为丈夫随她四处奔波，把家人抛在身后而自责——尽管这是她丈夫自己的选择。

当放不下内疚感时，我们可能会牺牲什么？我们会放弃自由，放弃快乐。我们会丢掉生活的宁静。内疚感有多种表现形式，也许其中有一些你会觉得眼熟：

- 总是为过去的选择、错误或不完美而自责；
- 感觉自己永远都做得不够；
- 在亲密关系中几乎感受不到快乐或和睦；
- 在亲密关系中总是感到压力、怨恨或价值失落；
- 自己实得的薪酬总是低于自己所应得的；
- 自己实际付出的总是超过自己应该付出的；
- 当最应该说"不"时却说了"好"；
- 任由别人用内疚感来操控你；
- 反复让别人践踏你的底线；
- 淡化自己的成就，让别人感到舒服；

- 最后总是会形成双方都不独立的人际关系；
- 假装自己的失控行为是正常的；
- 当自己既需要也想要时，不敢大声说出来；
- 出于内疚感和义务而做出决定；
- 对那些帮助过你的人，你觉得欠下了永远还不上的人情；
- 事后还是禁不住胡思乱想；
- 感到恐惧是你的常态。

当你放任自己被内疚感掌控时，你就会对自己不满意，会过度折腾自己，会不断被它操控和利用，会因为没有达成期望而自责不已——虽然那个期望有时不可能达成。

一个本来值得细细品味和享受的时刻会突然变得充满压力和负面情绪。正如我和亚历克斯所经历的那个早晨，本来我们可以过得从容而美好，却无缘无故地搞糟了。而这还只是冰山一角。

在本书中，我会分享大量真实的故事，这有助于你认识到，如果听之任之，内疚感是如何通过各种方式来控制你的生活方向的。无论你是正在面对一个过去所做的，但至今还让你感到纠结不已的选择，还是在面对一个因为自己所亲近的人不能有幸共享，所以要选择低调处理的成功，本书的目标都是帮助你找到症结，以便对症下药。你不是必然会被内疚感所掌控的。

既然你拿起了这本书，我想你一定非常想卸下长久以来内疚感给你带来的负担，充分享受快乐，把自己从内疚感的钳制和情感的操纵下解脱出来。我希望现在正和你坐在一起，但我知道，既然我真挚的愿望是帮助你实现突围，那么为此写下的这些文字也能奏效。

<u>我对你的期望和对自我的期望一样——停止为你并没有做错的事情感到内疚</u>。我想让你有充足的力量去对抗内疚的套路；我想让你说实话，想让你知道，以尊重你所在乎的人的方式来诚实地面对自己的感受是可行的；我想让你拥有本该属于你的快乐，不要用无谓的担心、恐惧和焦虑浇灭这些快乐的火苗。

采取积极步骤把自己从过度内疚中解脱出来，其实就是解放自己，就是心甘情愿、充满渴望地去做一个完整而健全的人，用真理去揭露谎言，勇敢地界定和守护你的底线。如果你愿意努力克服恐惧，并且相信会有更好的生活之道，那么你一定会成功。

当你真的因为某件事而感到内疚时，我希望你可以勇敢正视你的内疚感所发出的信息。因为当我们用事实来回应内疚感时，我们就能更好地接受我们需要在生活中做出改变这一事实,才能用日常行动来践行我们的价值观,才能开启解放自己的宽恕行动。

认清自己

当我开始写这本关于内疚的书时,我并没有意识到这个话题会让人如此难过。它如同黑魔法般能召唤出我的焦虑及各种负面情绪。

我是一名生活教练,有实用积极心理学的背景,最钟情的研究工作是围绕积极情绪而不是消极情绪进行的。当我开始深入研究这个专题后,我意识到自己并没有真正做好准备。我总在自问:"你的目的是什么?从你的角度出发,你能为读者提供哪些独特的、能够赋能的见解?教练和积极心理学能够提供哪些特殊的东西,来帮助读者摆脱内疚感?"能为这些问题提供答案让我感到激动,帮你获得快乐和自由的热望充溢着我的内心。

许多关于内疚感的书都略显沉重。我想可能正是这个原因,我的很多同行甚至会不约而同地回避这个话题,纵然它正在偷走我们的快乐。因此，我有意用一种轻松的方式来帮助你克服内疚感。我的使命是鼓励女性过上更有意义的生活。但过有意义的生活不仅仅是指寻找积极情绪，也是去更理性地理解消极情绪，是消极情绪阻碍了积极情绪的出现。这里最重要的是要认识到，消极情绪并非恶魔，它对我们也有益。当负面情绪产生时，我们必须学会不要简单地把它推开，而要让它成为我们生活经历的一部分——不是逃避它，而是管理甚至转化它。

下面我将辅导你经历这样一个过程，它能让你放下内疚。重要的是，我将帮助你理解其中的原理，这样你就更容易放下了。

让我们一起放下内疚

教练不仅能帮助你由现状变为理想状态，还能帮助你探寻出在这个过程中出现的所有障碍、担心和机遇。2002年，我成了一名生活教练。2009年，我创办了教练和积极心理学（Coaching and Positive Psychology，CaPP）研究所，我们培养了来自全球各地超过15个国家的个人教练和高管教练。我信赖教练，因为它真的有作用。它改变了我的生活，我也见证了它如何改变了他人的生活——让他们清楚地了解自己的愿景、价值观、目标和发展潜力。教练帮助他们学会在面对两难困境时如何抉择，能为他们赋能，让他们自信地去实现自己的梦想。

好的教练可以帮助我们突破自我。在本书中，我开发了一个通过书面表述来实现"教练"这一理念的过程，这能帮助人们放下内疚。我亲身实践了这个方法，并用它成功地帮助了我的客户，特别是女性客户来突破自己。这些女性的故事我会在后文分享。这些突破支持她们摆脱了困扰她们多年的、甚至长达几十年的内疚感，并改变了她们决策、沟通和生活的方式。

当然，我们现在是借由本书来帮助你运用这一方法，我现在邀请你用我提供的这些强有力的问题（我喜欢将之简称为 PQs，即 powerful questions）来做自我辅导。我建议你把你的答案记录下来。拿出你的笔记本或者打开电脑，甚至可以打开手机里的听写软件进行口述记录。把想法写出来比在头脑里静思梳理更有效。通常，我们同时会有太多的想法，所以势必会忘掉一些。而我们所忘掉的，恰恰有可能是一幅拼图中重要的几块。如果找不回这几块，我们就失去了理解整幅拼图的关键。因此，虽然只是读读想想也是一个吸引人的做法，但我还是建议你在阅读、思考之后，把想法写下来。如果真想得到想要的答案，就要这么做。

这些年来，我运用这些技巧来帮助客户实现突破，放下内疚，提问挑战性问题的顺序变得越来越灵活。我发现这个方法并不死板，而是灵活的。对那些发人深思的答案你要重视，要深挖其原因。从这些地方，你会不时地大声感叹，并获得对问题的深刻洞见。

你如果正准备摆脱内疚感，想做出能让你的生活和人际关系焕然一新的改变，那你算找对书了。我很高兴能成为你的教练。我对你只有一个要求，就是诚实回答我提出的问题，这能转换你思考问题的角度，帮你理清思路，让你变得勇敢，并为你提供良好的行动指导。

在指导别人体验过这个方法之后，我一次又一次得到了几乎一字不差的反馈："我觉得像是压在身上的重担被拿走了。我感觉好轻松。"

内疚感是沉重的，它会压得你无法呼吸。但事情本不应该是这样的，是时候放手了。让我成为你的教练，让我们开始吧！

第 1 章

你究竟在内疚什么

克服内疚感的第一步是把它说出来

Let Go of the Guilt

Stop Beating Yourself Up and

Take Back Your Joy

不久前,我发表了一场关于"成功女性的思维方式"的主题演讲,观众是3000名来自全球数百家顶级公司的女性领袖。我走下舞台时感到浑身充满活力。随后,组织方又请我再做一次分会场演讲——这是一次教练工作坊,讲的不是我常讲的话题。他们给的题目是"全职父母如何平衡工作与生活"。

我虽然写过关于时间和忙碌生活的文章,但我不认为自己在养育子女或当好工薪族父母方面有多在行。我40岁才步入家长行列。我至今仍处于"试水阶段",还在不断探索如何在家有幼子的情况下,兼顾好写书、旅行和创办公司的事情。这的确很不容易。因此,当我开始分会场演讲时,我决定与大家开诚布公地交流。

"大家听好了,"我说,"我是一名生活教练。所以,我想分享一些挑战性问题,指导你们探索问题的答案,从而帮助你们在工作和个人生活的要求之间创造和谐。但说实话……"我略带歉意地说:"有时即便按照我的答案去做了,我也会感到一种潜在的冲突——内疚感。这里有人曾经感到过内疚吗?"

第 1 章
你究竟在内疚什么

人群中很快就有反应了：叹息；转眼珠；点头。这群女人环顾四周，彼此对视，看到大家都有相同的反应时，纷纷举起手。我挑动了大家的敏感神经，她们都想发表意见。我请举起手的每个人都谈了自己的内疚感。房间里的其他人，有的频频点头，有的发出叹息，这说明与发言者有同感的大有人在！他们的困境各有不同，但那种内疚的感觉如出一辙。

"我每个月都要出差一周，"一位初为人母的妈妈说道，"要离开只有九个月大的孩子。出差期间，我的丈夫会把孩子照顾得很好，一开始我觉得这样也挺好的，但别的女人说三道四，这时不时会干扰到我。这是一些针对我的闲言碎语——一些消极且有攻击性的说法，比如，'我真不知道你怎么可以离家这么多天，我可做不到'。在工作中，我独自承受着内疚感，因为我怕这会威胁到我的晋升机会。"

"我常为不能多陪在父母身边而感到内疚，"另一位女士分享道，她的声音中透露着羞愧和疲惫，"他们住在离我 150 多英里远的地方。他们的年纪越来越大了，我应该多去看看他们，但我太忙了。因为太忙就不能去看望年迈的父母，这算什么女儿啊？"

"我是家里的第一个大学生,所以有时候,我会对自己的成功感到内疚,"一位 30 岁出头的女士插话说,"每当我家里有人遇到困难,尤其是经济问题时,都要我帮助。因为我没有孩子,所以每个人都觉得我帮忙是理所应当的。我感到内疚,因为他们都是挣扎着过生活的人,但如果我一直这么救助他们,我就难以取得更大的进步,难以实现自己的目标。"

"我感到内疚是因为我没有做好让孩子们步入社会的准备,"一位 50 岁左右的女高管苦笑着说,她指的是有两个已经成年的孩子仍住在家里,"我为他们付出很多。他们在单亲家庭长大,对此我心有内疚,所以我对他们要求不严。我是一位有上进心、有责任感的母亲,但我总感觉没有如愿地把这些品质传给我的孩子们。"

当每个人分享她的故事时,其他人都会点头表示理解。我也与内疚感做过斗争。早在产生作为母亲的内疚感之前,内疚感于我已经司空见惯了。我的"内疚清单"很长:作为生活教练的内疚感;因离婚而生的内疚感;因拖延而生的内疚感;因本来可以做得更好而生的内疚感;因花钱而生的内疚感;作为老板的内疚感;因为自己有野心而生的内疚感……

第 1 章
你究竟在内疚什么

就我所选择的这个专业来说,我的生活就是我所做工作的"研究所"。我告诉自己,如果想要指导别人,想要写书,我自己就不应该陷入纠结中,我应该成为那个帮助他人脱困的人。从邋遢和拖延到人际关系的挑战和金钱欲望,我理应给出所有问题的答案——这意味着我要狠下心不把自己当成肉眼凡胎看。

当然,这种类型的内疚感不只存在于生活教练和心理学专业人士身上:护士会因为自己吃得不健康而内疚;会计会因为搞砸自己的理财而内疚;全职妈妈会因自己没有达到完美母亲的标准而内疚。当我们没有达到自己的心理预期时,就容易产生内疚感。

内疚感常常会剥夺你的权力。作为一名生活教练,我告诉自己,我没有不知道某个问题答案的权力。我还觉得失去了拥有雄心的权力;有时候会为自己有一些大目标而感到内疚。尽管我知道我定下这些目标都有一定的目的,但在夜深人静时,我还是会扪心自问,这些目标是不是不够"利他"。因此,当大家开始分享她们的内疚清单时,我也深有感触地和她们一起频频点头。

直到那天,在那个房间里,我才那么强烈地意识到其他女性似乎也都有类似的感觉,我们正在经历大量我愿称之为"内疚困境"的场面——在我们的生活中，这样的场面会触发内疚感。为了测试研讨会上的反馈是否只是意外的挫折，我开始在演讲台上、教练课程中和日常谈话中提及内疚。果不其然，每次我谈到内疚，都会引来大家沉重的叹息。

为了听到更多的观点，我就这个话题调查了500多名女性。她们到底在为什么而感到内疚？这里我仅摘取部分发言。

- 大家觉得我很成功，因为我有一份专业性工作和不错的收入。然而，我觉得自己是一个彻头彻尾的失败者，因为为了这份"安稳"的工作，我放弃了一切能让我微笑的事物。到了40岁的年纪，我多希望自己过去是为信仰所激励，走进了那个简单而独特的愿景中。当人们称赞我"成功"时，我被深深地刺痛了。

- 我顺利上完了高中，上了大学，却因此而离家在外，这让我内疚不已。我凭一己之力买了房子，但我的家人却做不到这一点，我也为此而内疚。

- 内疚最终把我玩得团团转。它没有让我远离他人或责任，只是让我远离了真实的自己……我停不下来，我放松不了，我不去锻炼身体。我把太多的自我奉献给其他人了，包括我的

- 时间、我的工作和我的能力。我能做事，又眼看着有那么多需求和机会，所以只能要求自己更加努力。
- 近些年来，由于患有免疫性疾病，我的身体十分虚弱。有时我丈夫不得不背我上楼，帮我完成日常活动。我的丈夫比我年纪小，我时常会内疚，觉得自己是他和儿子的生活负担。
- 直到上次接受了你的调研，我才意识到自己居然为这么多事情感到内疚！也许我需要回顾过去，看看这是不是阻碍我前进的原因，然后学着放手。

事实上，有调查显示，我们会对各种不同的事情感到内疚，例如：

- 运动习惯（65%的参与者选择此选项）；
- 曾经的选择（64%）；
- 饮食习惯（62%）；
- 理财习惯（59%）；
- 精神层面的习惯（不做礼拜、不信赖、不学习、不冥想）（48%）；
- 对自我关心不够（48%）；
- 做事效率低（48%）；
- 养育孩子（42%）；

- 没有达到预期（41%）；
- 工作（37%）。

内疚的三个真相

关于内疚，有三个真相。不管在任何时候，当你开始感到内疚时，回看这些概念就能更好地帮你理解你的情感变化，以及该如何解决问题。现在，请看这三个真相，并且记下来：

内疚是一个信号；

内疚是一项负债；

内疚是一个机会。

接下来，我会对这三点逐一进行分析，但首先，请大声说出来：内疚是一个信号；内疚是一项负债；内疚是一个机会。

内疚是一个信号

内疚感就是信息。这是你的良心试图提醒你：

第 1 章
你究竟在内疚什么

- 也许你对他人造成了伤害，或者你做了错事；
- 虽然你未曾对他人造成过伤害或做过错事，但你告诉自己你有过。

你的任务是准确判断这条内疚信息，以便采取正确的方式来妥善处理。

要记住：如果你误读了内疚的信息，你的回应方式就会是有害的，将事与愿违。

内疚是一项负债

内疚感意味着你有所亏欠。正如罪行成立的被告人应被判刑一样，内疚感告诉你，你要为你的行动或没有采取行动承担后果。你必须要放弃某些东西——你的权利、你的自由、你的金钱，以及你的话语权。这意味着，你不配享受一个无所愧疚的人本可以享受的那些美好之事。

记住这一点：内疚感会让你付出代价，当你感到内疚时，你所付出的代价会决定你做出什么选择。

内疚是一个机会

最有力的一点是,内疚感是你将改变或接受某件事情的机会。改变还是接受,这要由你来决定。不要用内疚感来打击自己,并就此做决策,要有意识地选择如何对其做出回应。要以好奇的心理来对待自己的内疚感,将其作为采取下列行动的机会:

- 澄清你的价值观和期望;
- 去原谅或者被原谅;
- 设定或强化你的底线;
- 进行有意义的对话;
- 实现精神上的成长,强化你的信仰;
- 做更勇敢、更真实、更好的自己。

把内疚感看作机会能给予人希望。希望会给你能量,它会改变你的观点。它能帮助你确立新的人生目标,也会让你看到万事万物可以同力求善,你的痛苦承载着意义。

记住这一点:你可以选择如何回应自己的内疚感。

内疚是什么

在最纯粹的意义上，内疚是一种感觉，表明我们做错了事情，并给人造成了某种形式的伤害。内疚的一方就是有错的一方。《剑桥词典》是这样定义内疚的：

一种因为做了错事或不道德的事情而产生的焦虑或不快乐的感觉。

内疚不仅仅是一种情绪上的感觉，还会带来身体上的变化。当你感到内疚时，心跳会加速，关于事情后果的万般思绪会掠过脑海；你的胃会因此而翻腾个不停，做了什么或没有做什么的歉意会让你心烦意乱；当与使你内疚的人交流时，你会因担心而绷紧肩膀，这就是内疚带来的感觉。

《韦氏词典》在给内疚的定义中做了两个有趣的区分：

（1）人在犯下过错，特别是故意犯下过错后的心理状态；

（2）应受责备的感觉，尤指那些由于自我想象出的冒犯或自己觉得做得不够而引发的此类感觉。

因此，当我们做了错事和犯了错时，就会感到内疚。过错触犯的是预先确定的、得到共同认可的一套规则——它可以是实际的法律，也可以是一个家庭、社团、公共机构或任何其他社会建构的道德标准。还有一种内疚感是，即使我们实际上并没有过错，但也会体验到的。这是更加主观的感受，是基于个人的价值观、能力和期望值的。

从本质上讲，内疚是你觉得需要为之道歉的任何一种情形，即使你本不应为之道歉。这就是内疚的本质（我们将用整整一章的篇幅来讨论如何在短时间内解决这些问题）。

作为一种精神概念的内疚

在希伯来语中，"asam"不仅指"内疚"，也有"赎愆祭"（guilt offering）之意。这里要指出的是，这种观点认为"内疚"不仅是一种行为，而且被看成一个关系的概念。内疚体现的是有关各方之间的关系。如果犯下过错被视为个人失败的行为，那么内疚就是这种行为导致的关系破裂所造成的负债。由于我对你犯下的过错伤害了你，因此我们的关系会出现裂痕，如果这个裂痕可以修复，那么要等我修复了它，才算还清了这笔债。从这个角度看，内疚即负债：当你做错事时，你必须为这个错误付出代价。Asam（既用来表示内疚，也用来表示救赎内疚的祭品）一词就反映了这个概念。如果你感到内疚，那你就有所亏欠。

内疚代表着"亏欠"

我们与内疚感有关的行为始终体现了这样一个主题：内疚让我们有亏欠感。内疚感是一种负债，因此它会迫使我们以某种形式付出。无论这种付出是简单的道歉，是出于义务去做我们本来不想做的事情，还是原谅那些我们本来不会原谅的行为，当我们感到内疚时，我们所采取的行动都是基于内疚感的付出。如果你对"付出"这个词没有什么共鸣，那么可以看看以下这些词，它们传达的是类似的意思：

- 过度补偿；
- 以某种方式让自己承担义务；
- 原谅了原本不该原谅的行为、态度或关系中的冲突；
- 为感觉可能是由自己造成的问题而弥补某人；

- 把接受不公平待遇视为理所应当；
- 自己大包大揽负起责任，同时听任他人少负责任。

当我们的内疚感是虚假的，即我们实际上并没有做错什么，但感觉好像自己做错了，我们就会觉得必须采取某种方式来补偿，这种补偿会表现在我们每天所做的决策、所说的言语和所采取的行动中。

"我有亏欠"这种感受也会表现为"我配不上""我不属于"和"我做得还不够"。由于这种自我抑制，完美主义、不安全感、恐惧和攀比等问题就会浮出水面。起初，你很难认识到这些问题，但内疚感往往是导致众多对情绪有害的行为的第一张多米诺骨牌。这就是我们每个人都必须踏上自己的"放下内疚"旅程的原因所在。

因内疚而自我审判

如果以最传统的词义来思考内疚这个词，你可能会想到一个被控有罪的人站在法庭上的场面：证据被呈了上来，辩护已经进行过，判决已经做出。如果罪名成立，他就将被判刑。

第 1 章
你究竟在内疚什么

在各种文化里，对于女性应该扮演什么角色、如何扮演好这些角色，以及应该为谁服务，都有着很多不同的观点。其中大部分观点根植于家庭传统和宗教，有些观点则来自女性运动和媒体的宣传，还有一些观点则是在我们自己的社区以及工作或礼拜场所中流行。我们很难不为周边的典范人物或人们对我们的期待所影响。

作为女性，我们常常不自觉地把自己放在受审判的位置上。我们有什么可以被指控的？因未能达到自我强加的期待而进行夸张的自我指控。而被裁决有罪后，我们便会被惩罚——经常是自加其身，有时还是无期徒刑。

当金开始感到自己要被工作和自己承担的事务淹没时，她出于内疚而把压力承担了下来。以下都是她对自己的指控。

- 作为一名执业心理咨询师，我并没有实践自己所宣扬的东西，该内疚。
- 当客户在不堪重负之际来到我这里时，希望见到的不是和自己一样不堪重负的人，所以我是个"伪君子"，该内疚。
- 我的工作是帮助人们更快乐。我自己应该先快乐起来，但我并不快乐，该内疚。

以下是一些她自我施加的惩罚：

- 不断自责；
- 不允许自己休息，直到完成承担的所有工作；
- 只有当理顺了工作和生活后，才能去享受生活的其他方面；
- 拒绝或挡开所有的赞美。

当丈夫的人生被毒品吞噬，并且把报酬丰厚的工作也弄丢之后，卡丽与他的婚姻宣告结束，她也开始审判自己。以下是她对自己的指控：

- 没有选对丈夫，该内疚；
- 没能再为孩子找个爸爸，该内疚；
- 因为自己不善择人，导致孩子们在成长的过程中因失去父亲的陪伴而受伤，该内疚。

以下是她对自己的判决。

- 在要求苛刻的行业里加班加点地工作，尽可能多赚钱，以弥补她所造成的伤害。
- 放弃自己追求快乐的权力。由于前面做了错误的选择，因此自己不配得到幸福。

- 再婚是为了孩子而非爱情。

特丽在 20 多岁时完成了大学学业，开始了职业生涯。当遇到未来的丈夫时，她正对自己的工作充满热忱，情绪高涨。她丈夫喜欢她的理由之一是，她个性独立，对有意义的生活抱有热情。但是，特丽是把婚姻和生儿育女看成桎梏的，虽然她没有说出来。因此，当他们一结婚，她就开始在内心不断对自己进行审判。指控包括：

- 家里不够干净，该内疚；
- 在照顾家庭的同时还渴望追求工作上的目标，该内疚；
- 为了让自己更年轻更有活力，什么都肯干，该内疚。

以下是她对自己的判决：

- 始终围着家庭转，忙着打扫卫生、做饭、带孩子，特别是在丈夫下班回家的时候；
- 压制自己的职业抱负；
- 完全放弃自我关注，并视之为自私的行为。

多年来，女性角色的定义清晰而狭隘。尤其是在过去的 50 年里，这些角色被以很多方式质疑和改变着。当我们承担起的新角色不符合过去的传统时，互相冲突的意见和信息就会给疑虑留下很大的空间。许多女性会觉得自己做事的方式与母亲或家庭中的其他女性长辈不同。因此，即便得到了长辈们的全力支持，但因为认识到自己所做的选择有所不同，她们也会产生一种要进行自我判断和自我评价的意识，从而产生内疚：我这么做也许错了。也许她们过去的做法才是对的。

想想当特丽把婚姻和生儿育女描述为"桎梏"时，她是如何向我们说起她自己的妈妈的：

> 我妈妈会说："我没有朋友，我一生都和孩子们在一起"。我们家有九个孩子，我是最小的。她解释道，直到今天，我妈妈仍然这么说，"我会留在家里陪孩子"，她为此感到自豪。我觉得这是一个微妙的告诫——她的女儿也应该这样做。

特丽说，她几乎会觉得她妈妈有时反复说这些话是在寻求自我安慰，因为妈妈为此放弃了太多东西。"她现在80多岁了，没有多少朋友。我认为她其实也想追求一些个人价值，但她没有做到。我不希望自己或我的女儿也像她那样。"特丽说道。

即便如此，特丽也承认她经常会进行自我审判。这或许源自她母亲的言语，或许源自教堂里祷告的回声。但即便别人不来苛责我们，我们也经常会自我审判。相比之下，男性就不会这么做，或者至少不像女性那样频繁为之。

虚假的内疚感与真实的内疚感

我写作本书也是受内疚感驱使，虽然我并没有做错什么事。我的压力来自每当谈到女人的内疚感这个话题时，我都会发出的重重叹息。这就是我所说的"虚假的内疚感"，一种即便没有真的做错什么却还是会内疚的感觉。

不是说对那些真正需要补救的事情我们就该无所作为。我们会采取行动。但在日常生活中，我们耗在内疚感上的心理和情绪能量大得惊人——为在家庭和事业上所做的现实而正当的选择内疚，为在自己身上花了时间而内疚，为没有扮演好社会需要我们在婚姻中所扮演的角色而内疚，这一切都会导致虚假的内疚。压力是现实的，令人疲惫不堪的内疚感同样也是真实存在的。

因此，当我在本书中使用"内疚"这个词时，很简单，我指的就是你"感觉"自己做错事了。我有意使用"感觉"这个词，因为正如我们刚刚讨论过的，很多人并没有过错却感到内疚不安。当然，说实话，也有人犯了错却根本不以为意。没有过错却内疚不安会导致自我伤害、人际关系失衡，并会产生低水平的焦虑，让你觉得自己应该更明白一些，干得更好一些，成为更好的自己。这导致我们不断地痛责自己，因为不管我们认为什么是"正确的"，我们都永远难以实现这种"正确"。这种内疚感就是我所说的"虚假的内疚感"。因此，在本书中，当我谈论内疚感时，如果没有明确说明这是真实的内疚感，那么我所讨论的都是这种虚假的内疚感。

真实的内疚感是真实存在的。这是当我们做了错事或对他人造成伤害时，理应感受到的。虽然我们也会讨论因为确实做错了事情而引发的内疚感，以及在这种情形下我们应该怎么办，但本书主要还是在讨论虚假的内疚感。你觉得无论如何还是应该再干得好一些，这种感觉会让你不得安宁。这里的关键词是"应该"——带有某种责备的语气，提醒着我们自己还没达到标准，因此还需要以某种方式去弥补。

真实的内疚感与其说是一种感觉，不如说是一个事实，比如你因为失望而对孩子大喊大叫；你忘了在妹妹生日当天打电话祝福她；你在工作中搞砸了一个项目。在这些情形之下，你有过错，感到内疚是不成问题的，因为这些事情真实发生了。你需要做的正确的事情就是为此负起责任，尽量进行弥补，并防止这样的事情再次发生。就算你真的做错了某些事情，那再继续向前也就意味着在为此付出代价之后选择放下，以解脱自我。

相比之下，虚假的内疚感多产生于日常生活中。它使你不断地感到"对不起"，即使真没什么可对不起的。有一次，我看到一位年轻女士要通过狭窄的飞机过道到座位上去，她几乎对经过的每个人都说了句"对不起"。飞机上有两百多人要提着超大号的包通过过道到座位上，而她是唯一一个为此道歉的人。她为什么要道歉呢？我想是因为占用了过道。当我们道歉时，我们下意识地觉得自己造成了问题或者伤害，所以每当你听到自己说对不起时要问问自己："我这是造成什么问题了吗？"如果没有，也许除了"对不起"之外，还有别的合适的词汇可用。

虚假的内疚感有哪些"症状"

在我前面提到的一些案例中，一些女性由于虚假的内疚感而做出了导致严重后果的决策，在每个例子中，"我亏欠"这种自我抑制的心声都响亮而清晰，即使她们没有有意宣布过这件事。妮科尔希望通过心理咨询修复离婚带给她的创伤，治疗过程的一部分便是回溯她的每一次决定，以便她更好地认识自己是如何一步步终结这段失败的婚姻的。

起初她还不愿意承认，但其实她在订婚前后，都对这段关系有所保留，不过她选择不理会自己的疑虑，最终还是结婚了。事实上，她已经订过两次婚了。第一次是在几年前，那一次她察觉到了"警告信号"并取消了婚约。妮科尔说，她当时的男朋友痛不欲生，不能接受这个结果，整个分手过程持续了几个月，她用各种方式向他解释他们不会有未来，并向他道歉。她感到恐惧。她的男朋友则恳求她重新考虑，并问她自己做什么才能改变她的想法。她没有给出明确的底线，最终因为内疚感默许了他的请求，而不是说到做到。在终结这段关系之前，她和他有几个月时间都是在进行这种情绪性的、来来回回的对话。在这样做了之后，她感到极度可怕。她和男朋友在见面几个月后就订婚了，她解释了为什么自己觉得这段关系发展得太快了。她认为自己还太年轻，还没做好结婚的准备，但他看起来真是无法理解她的观点，并被她的决定深深伤害了。其实她从未想过要故意伤害他或者任何人，只是直面真实的自己而已。

第 1 章
你究竟在内疚什么

就像还嫌妮科尔的感觉不够糟糕似的,她妈妈发表的评论让她更为此感到内疚——几乎每逢订婚破裂这个话题被提起时,她妈妈都会重复说道:"可怜的孩子,你真是伤了他的心。"她这几乎是在说笑,但妮科尔能感受到她的话里也有几分严肃。虽然并非出于她的本意,但妮科尔的心被伤害到了。

分手几年后,她的前男友又想法重新走进了她的生活。此时的妮科尔开始对自己的爱情前景产生了怀疑,她已经30岁了,几段恋爱都未修成正果。她从内心里觉得,自己这个时候应该已经结婚了。这里的关键词是"应该"。她开始自责,因为"那个他"还是没有出现。她开始听信身边朋友和亲戚们的议论,他们认为她"太挑剔了"或"事业心太重"。这些议论很扎心。她的标准是高了一些,但这是因为她觉得选择一个与自己共度余生的人就应该慎重一些。她热爱自己的事业,并且干得很好,但她觉得这与个人生活并不矛盾。这些评论开始影响到她,她发现自己甚至会在和朋友聊天时重复这样的话:"也许是我太挑剔了吧,也许我想要的不切实际,也许我事业不该这么重。我的意思是,虽然我不认为自己在这方面谈论了太多,但也许就是这样……"在她的脑海中那个"是我不够好"的自我抑制之声再次响了起来。

虽然她一直觉得她的前男友并不适合自己,但又想也许时间能够改变人，她开始寄希望于他俩都朝着正确的方向变化了。她想："过了这么久，我们还能再次相遇，这一定是有原因的吧。"于是她决定再给他一次机会。这就是内疚感将她"绊倒"的地方。

在离婚后的心理疗愈过程中，她回忆起了导致她决定结婚的关键几步。这完全是在内疚感的驱使下做出的一个关键决策。尽管已经分手多年，但她仍然为此感到内疚，并且觉得前男友仍然受着情伤，她基本上与自己达成了这样一个协议。

"当时我们正约会吃晚餐，"妮科尔回忆道，"这大概只是我们再次恢复关系以来第三次见面。我仍然对那时因悔婚而给他带来的痛苦深感内疚。这么多年过去了，我一直犹豫还要不要和他出去约会，因为我觉得自己可能会再次伤他的心。说句公道话，我至少应该不让他抱有太大的希望。我们边吃边聊，讨论了这段关系，以及是否要试着再续前缘。我同意了继续约会，但在内心深处，我知道我同意的不仅是约会，还有嫁给他。既然这些年来他对我的感情一直没变，我知道约会终将发展到他再次求婚的地步。我担心的是，他同意了约会，我却要拒绝他未来的求婚。但是，我的内疚又让我觉得我欠他一段没有再次分手风险的感情。"

妮科尔对自己的接纳感到震惊。当他们两个人决定再次开始约会时,她与自己达成了这样一个心照不宣的约定:你曾伤过他的心,你欠他的。你不能再这样做了。

当更诚实地面对自己时,她承认,在她所进入的这段关系中,对方在不断强化她的内疚感并以此来控制她。在这段婚姻中,她的精神遭受了虐待,虽然当时看得不太清楚,但从一开始就是这么回事。她会为他找借口,但对别人不会这样做。她对他感到抱歉,部分原因是他总在提醒她,她的童年比他过得好,这成了他以自我为中心的愤怒、情绪爆发和不断严厉责备对方的借口。这一切都源于妮科尔接受了"她亏欠他"这一想法,却没有原谅自己订婚过早,没有接受"人非圣贤,孰能无过"的现实,并从这段错误的关系中吸取教训。她如果这样做了,就不会觉得自己亏欠了什么,更别说同意一段让自己内心根本就不得安宁的婚姻了。

当"我亏欠"变成"我不应得"

在谢丽这里,这种"我亏欠"的心理变成了"我不值得"。她不愿向老板开口提加薪这个话题,尽管离上次加薪已经过去三年了。她热爱自己的工作。她所在的公司规模虽小，但利润很不错，而且她可以根据自己的需要灵活安排日程。她承担的责任增加了很多，但工资却一直原地不动。公司能给她这么多机会，让她觉得自己欠了公司的。她在工作上有弹性，在银行里有存款——这是前所未有的。她一直以来都努力工作，也得到了培训并提高了技能，这为她升职加薪创造了条件，但她并未以此居功请赏。她的自我安慰是：我未必应该挣到更多的钱，因为老板已经对我委以重任了。

我知道其他像我这样工作奉献的人赚得比我更多。但是，我已经比家里大多数人都赚得多了，所以我觉得再要求涨薪就显得有些贪婪了。而且，我的老板很容易相处：这是一家很棒的公司。

因此，谢丽对此保持沉默，接受了低于应得的薪酬。因内疚感而产生的"我亏欠"这种自我抑制心理会控制你的行为，其后果是将你带入一种不健康或不平衡的心理状态，而这种心理状态往往需要多年时间才能克服。妮科尔很多年都活在失败婚姻的阴影中。谢丽多年来放弃了本可以用以补贴家用、还清欠款、建立应急基金或造福他人的高薪收入。

我应该知道更多、做得更好、变得更好

让我带你再次回到并没那么久远的一个清晨,从那之后,我决定不再苛责自己,要找回久违的快乐。也许你也有过这样的一天。

清晨一般是这样开始的:我睡得正香,正梦着几分钟后就不会记得的事情。在梦里,我正置身户外,因为我听到一只小鸟在轻声啁啾,微风吹得森林里的树叶沙沙作响。听起来这只鸟还有一两个伙伴。它有一个完整的家庭。它们的叫声变得越来越大……

真可惜!我的闹钟响了!

因为讨厌睡眠被闹钟刺耳的蜂鸣声或急促的音乐打断,所以我把闹铃设成了柔和的森林之声。这声音听起来很"自然"。今天早上,鸟儿还飞进了我的梦乡。不错,我已经半梦半醒了,清醒到能意识到起床时间到了,清醒到足以不情愿地想起计划中的雄心勃勃的晨练。

我还没有准备好,所以我还处在半睡眠状态,脑子里在自我对话:

今天早上,我原想比别人都起早点去锻炼。外面还正漆

黑一片……如果我现在能坐起来,撩腿下床,我今天就算赢了……

我深吸了一口气,又呼了出去。这是一声内疚之叹,因为我确切地知道我要去做什么了。我从被子里面伸出手去摸闹钟。我知道不应该,但还是按下了暂停键。一股负面情绪流过我的全身,就像在我暖和的床上又铺上了另一层床单。

今天才过了片刻,我就已经有内疚感了。但这仅仅是个开始,我未完成锻炼计划,我为此感到内疚。

我妈妈打来电话了,当我接通电话后,她说:"哦,我以为你现在已经在工作了。"她说得没错,我也希望我已经在岗了,但是我迟到了!我为此感到内疚。

我注意到手机上的日期。哦,不会吧,昨天是我高中时最好朋友的生日,我忘了给她打电话祝贺了。我为此而感到内疚。

这之后,我在停车等绿灯的时候,没能抵抗住玩手机的冲动,刷了一会儿朋友圈。我为此而感到内疚。

当我开始工作时,顺便查看了儿子老师发来的电子邮件。我忘了在户外郊游的表上签字，而郊游就是在今天。我为此而感到内疚。

然后，我看到了一则新闻，说一家同行企业推出了新产品。我并没有被它吸引，而是立刻觉得自己没有为公司做好这方面的工作。我为此而感到内疚。

你应该知道了，这些内疚感如此自然地发生，以至于你不会真正意识到它。我总是有一种自己不合格的感觉，相信自己如果能振作起来，就可以做得更好。这是一段我熟悉的老生常谈，一个我经常讲给自己听的故事。当意识到了这些想法后，我就开始改变它们。我们感到内疚常常不是因为我觉得亏欠了别人，而是觉得未能达到自我预期。

虚假的内疚感是你的精神迷途

从思想的角度看，虚假的内疚感甚至不是"你的"内疚感，而是"敌人"用来窃取你的快乐、质疑你的价值、摧毁你的梦想的武器。如果这听起来很戏剧化，那是因为事实本就如此。敌人来犯的目的无非是要偷窃、杀害和毁坏，而这正是虚假的内疚感要干的事情。与真实的内疚感不同，虚假的内疚感只是一种感觉，而非事实。它不断絮叨着谴责你："你还不够好，你做得还不够，你永远都弄不对，你应该感到内疚，你需要付出。"

即使你确实犯了错误或做错了事情，真实的内疚感也会让你免于躁动，直到引领你在行动上做出改变。敌人知道，如果你沉湎于内疚，就会浪费宝贵的时间。如果你认为犯下的过错让自己没价值了，敌人就赢了，那你将不会从经历中收获智慧，把痛苦转变成决心。相反，你将把内疚看成自己没有决心的证明。

内疚的五种思维模式

好消息是，认知行为研究表明，思维的转变可以带来情绪的转变。内疚感和其他情绪一样，都是如此。所以，当你意识到你正把自己的行为错误地解读成有损于他人的行为时，你就要重塑自己的思维，要更准确地看待自己所处的情景。改变想法，你就能改变感受。放下内疚感，你就能重新获得快乐的感觉。在接下来的章节中，我们将具体讨论如何做到这一点。现在，我希望你先记下有哪些思维会导致内疚感。

内疚感必然是由某种想法引发的。这种想法是对某个事件的解读。它是一项指控，一种谴责，从本质上说，也是你对所面对的困境给出的结论。我知道一些必然会导致内疚的想法。虽然你可能会用不同的语言来描述你的想法，但它可以归入其中某个类型。

思维模式1：我做错事了

引发内疚感的根本原因是自己认为自己行为不当。"错误"这一概念是由个人的价值观决定的。价值是你认为重要的、有意义的东西。这些价值的形成受到多方面的影响——你的成长经历、信仰、文化等。因此，你眼中"错误"的东西，对于持相反价值观的人来说却是正确的。其他人视为错误的东西在你眼中可能也并非如此。在社会层面上，"错误"的标准由法律以及制度上的或组织的准则来决定。所以，不管你是否认为自己犯了错，你都可能被视为有过错，因为对错由更大的实体来判定。但如果你的价值观与其他人不同，即便他们说你做错了，你也不会有内疚感。

思维模式2：我认为我对某人或者某物造成了伤害

你会因认为自己的行为伤害了别人而产生内疚感，即使事实根本就不是这么回事。这种想法与"我做错事了"是有相关性的。

你产生内疚感不仅是因为自己做错了，而且是因为你觉得这给别人带来了痛苦或麻烦。这一后果不仅你自己感受到了，别人也感受到了。

思维模式3：我做得不够

你会因为觉得自己做得不够多而感到内疚。当你认为应该帮助别人时，也是这样的情形，比如面对生病的爱人、一个倒霉的同事或者自己的孩子。当你觉得要为自己应该怎样努力地工作，或者应该在一个项目或任务上投入多大精力建立一个标准时，也是这样的情形。你对多少才算足够的判断，决定着这些想法。所以当某个人觉得自己已经做得足够多时，另一个做得更多的人可能会觉得自己做得还不够多。

思维模式4：我拥有的比别人多

因为自己的好运气而产生的内疚感，源于自己诸事顺遂，而别人却在被痛苦折磨这一想法。这种想法之下的潜意识是，你取得了不公平的优势，你得到了不配拥有的幸运，或者别人遭遇的坏运气是不应该的。即使拥有这样的好运气是因为你的正确选择，而其他人的不幸也是由于他们的不当选择造成的，你还是会产生这样的想法。当你认为上天的眷顾在你的好运中发挥了作用时，更会引发这样的想法：事情如此发展是不公平的，你只是幸运而已，你享受的福气多于应得的，而别人得到的却少了。总之，为什么就你摊上了好运气，而别人却没有呢？

思维模式 5：我没做某件事情，但我想做

你会思虑自己做错了什么事情。虽然实际上你什么都没做，但想象自己做了，或者思虑此事就会引发你的内疚感。或者这也许就不是一个自觉的行为。你想象自己想要什么东西，或者做了什么违背价值观的事情，清醒之后，你记住了自己刚才的想法。当你原想做某件好事，但最后并未实现自己的愿望时，也会陷于这种情形。

不要让内疚感替你做主

当我认为是时候放下内疚感时，我学到的第一件事情是：控制内疚感往往比控制因为内疚而选择做什么更困难，所以我意识到要学会把我的感觉和我的行动分离开。

在人生旅途中，你可能无法控制这些思维模式是否会在任意指定的一天出现。有时，一个想法会莫名地冒出来，萦绕着你。这时就需要你来决定要不要让它们控制你的方向盘，开始掌管你的选择。

当意识到这些念头的存在后，你就可以有意识地化解自己的内疚感。不要忽视内疚感，相反，要勇敢地与其对话：我知道你的存在，但我不会选择听命于你，你不能替我做任何选择。我将积极努力地摆脱你，即使我做不到，我也知道不能让你为我做选择。

标记出你的内疚

研究表明，命名或"标记出"你的情绪是控制它们的一个极其重要的步骤。当情绪在你体内产生后，给它加一个"标签"，这能在几秒之内在你的情绪和你对这种情绪的回应之间创建出一个缓冲空间。在处理像内疚这样的消极情绪时，这一点尤为重要，因为人有由着情绪立即做出反应的倾向。

想象一下你的某个因内疚而做出的决定。再接着想象，如果你在做出这个决定之前停了短短五秒钟，告诉自己这是"出于内疚",然后在承认这件事情之后,有意识地停顿一下,做一个深呼吸。加利福尼亚大学洛杉矶分校的马修·利伯曼(Matthew Leiberman)称之为"情绪标签"。

情感(affect)是关于情绪状态的一个心理学术语。马修·利伯曼采用功能性磁共振成像(fMRI)技术开展了一项对大脑的研究,该研究显示,当对情感做过标记后,包括杏仁核在内的大脑情绪中心的活动减少了。杏仁核在调节情绪和行为方面起着重要作用,其最著名的作用是"战斗或逃跑"反应。内疚感往往伴随着恐惧——惧怕消极后果,诸如惧怕遭到拒绝、责备和反对等。给内疚贴上标签,停顿下来注意到它,深呼吸,这能让你有机会慢下来,以不同方式来处理它,从而打破自动的"战斗或逃跑"反应。

通过标记自己的情绪,你就能更充分地认识到这种情绪的出现及任由其控制你的反应的危险。对情绪进行标记也会使之中断,这是一个机会,能让你停下来重新控制你现在的想法。换句话说,告诉自己,内疚来了,它正想控制我。停下来,做深呼吸。

我想起那天早上我儿子亚历克斯问我:"今天我能在餐桌上吃麦片吗?"设想一下,在听到问题和回答之间的几秒钟内,如果我注意到了自己的想法，对自己说"这是内疚感上来了"，然后深吸一口气，这样我就能做出回应，而不是简单地做出反应。反应是自动的，通常受情感和冲动的驱使，而回应是慎重的、有意图的。

这么简单的标记步骤不但在一些令人内疚的小事上有价值，在一些大事上也能强有力的作用。设想一下，如果妮科尔为与前男友分手这一虚假的内疚贴上了标签，并且暂时停了下来，把要不要投入这段让她无法平静的婚姻的控制权拿了回来，结果会如何？设想一下，如果谢丽已经标记出了要求加薪所导致的虚假的内疚，并拒绝因此而沉默，情况将会如何？最重要的是，请想象一下，当在下次的谈话中你突然感到了虚假的内疚时，你及时为其贴上了标签，并且在做出反应之前先停顿了一下，你的做法会有什么不同吗？

现在，花点时间找出内疚通常在你的生活中出现的方式，这是列出你的"内疚清单"的起始步骤。这是一个可供利用的机会，你能由此搞清楚你在生活中可能最需要克服的内疚是什么——这是你想要放下的，即使目前你对如何放下它还不是很有把握。

接下来你要做的事情

列出你的"内疚清单"

当你坐下来准备写下你的清单时，先问问自己是什么样的内疚感促使你在这个时候来读这本书。记住：列内疚清单的目的不是马上就要解决任何问题。你简单地找出正让你感到内疚的最重要的事情即可。让我们把列在这张清单上的事情称为你的"内疚触发点"。

我知道，你现在可能有一百件事情想要写下来。不光你是如此，我们也是一样的。但现在，我希望你只选三件事。什么事情最让你感到痛苦和焦虑？什么事情正在窃取你的安宁和快乐？我想让你就从这样的角度出发来展开思考。继续沿着这段旅程前进，你将获得相关的知识和工具，解决列在清单上的内疚问题，重获你所渴望的自由。

◎ 我的内疚清单

1. _____

2. _____

3. _____

第 2 章

层层剥开内疚感

认识并重写你的内在叙事

Let Go of the Guilt

Stop Beating Yourself Up and

Take Back Your Joy

要是只听莫妮卡说,你会觉得她的第一个孩子生活在水深火热中,但其实她的大女儿贾娜是一名 20 岁的大学生,住在家里,有一份兼职工作,对人很有礼貌,是还未到青春期的妹妹的好大姐。"我觉得当年没照顾好女儿,"莫妮卡的话语中混合着后悔、羞愧和内疚的情绪,"本来我能当个好妈妈,但我觉得自己没有做到。当有了第二个孩子,看到自己这回成了这么好的母亲,有了丈夫,还有了更多的资源时,我只觉得当年对不起她。"

这是莫妮卡内心最深处的内疚。每当与女儿们互动时,这种感觉就会在她的内心泛起。她说:"当我和小女儿加布丽埃尔一起做作业时,就会自责当年没有花更多的时间陪贾娜一起做作业。这很让人痛苦,因为每当和小女儿一起做正确的事情时,我就会责备自己没有在大女儿处于这个年龄时陪她做同样的事情。"

我为莫妮卡做了一次心理辅导,帮她放下多年来沉重的内疚感。在与她的谈话中,我可以看到很多种导致她内疚的思维模式,我的目标是帮助她识别并打破这些思维模式。这可能就是她能够突破的地方,也可能是你的突破点。

自我教练是你放下内疚的工具

教练是一个强有力的、审慎的过程,它能为你赋能,帮助你从现状出发实现目标。我曾对莫妮卡进行过一对一的教练,但在这一章中,我将教你如何进行自我教练。不管辅导如何实施,它都可以帮助你暂停下来,注意到造成你内疚的思想的各个层次。层层剥开这些思想层次,可以帮助你选择保留哪些层次,放弃哪些层次。当放弃了那些不真实的、不正常的思想层次后,内疚的重负就将慢慢从你的肩膀上卸下,取而代之的是平静与快乐的轻松之感。

我创建过一个专门解决内疚问题的教练流程,我将这个过程称为"剥离"(PEEL)流程,这是一个缩写,其中包含的步骤我稍后会解释。我在客户身上,甚至自己身上都运用了这种方法。剥离流程植根于我早前提到过的围绕思想、情绪、行为之间内在联系的研究结果。

想要成功地进行自我教练,你需要把控好三个基本要素。它们都很简单,但你必须有意识地进行把控。首先,你必须停下足够长的时间来让自己安静下来,这样你才能留意到自己的想法。

其次，你必须提出强有力的问题，从而帮自己深入到正为之感到内疚的事情的真相。最后，你必须诚实地回答。面对内疚困境，恐惧会导致你回避、否认或歪曲事实，不要这么做。

在描述我与莫妮卡进行的深入教练对话前，让我们先看看抽丝剥茧直至找出你的虚假内疚感的来源的这一过程。

剥离流程

在剥离流程的每一步，你都需要提出一个强有力的问题来对自己进行辅导，要顺着这个问题不断发问，直到得到一个能引发你真实共鸣的简明答案。

P（pinpoint）：确定"内疚触发点"

问：是什么触发了我的内疚感？

你的内疚触发点就是那些让你感到内疚的情景，不管这种内疚是否有合理的理由。将其准确描述出来，也就是给它打上标签，这会提示你暂停下来。这也能提高你的意识，让你注意到那些有可能引发你做出自毁决策的特别的场景和情形。因此，当内疚触发点出现时，你知道有必要让自己慢下来，并抢在产生内疚感之前用自我教练工具来控制自己的反应，这样你就能有所准备。

E（examine）：审视你的想法

问：关于这个内疚触发点，我会对自己说些什么？

这一步给你那天马行空的想法亮起了一盏灯。每当想到这个内疚触发点时，你会对自己说什么？无论你对自己说什么都会建立起一种叙事——关于目前的情景，你讲给自己听的故事。但首先你必须确定这个故事是什么。这就是这一步要做的事情。

在我们的脑海里总是萦绕着各种叙事。有些叙事有帮助，能让我们解脱，例如，"我把当时自己所知所有的东西都尽可能用上了；从那时起我学到了很多东西，这让我变得更优秀了；我原谅了自己那时的孤陋寡闻，现在能有机会做出更明智的选择让我很激动"。有些叙事则是伤人的并且会导致内疚感，例如，"我那时本应该知道更多，做得更好；我对小女儿的养育比大女儿更好，这对姐姐来说太不公平了。我糊弄她了！"当你承认了对内疚触发点的真实想法时，就可以审视这些想法，并判断它们是否准确、真实和有帮助。而那些虚假的叙事则必须被"重写"。

E（exchange）：把虚假的想法换成真实的想法

针对每个不准确的想法，问：针对这种情景更准确的想法是什么？

这一步是你重写叙事的机会，这样你就可以针对这个情景开始讲一个新的真实的故事。这些新的想法会使你对后续步骤的决策更清晰，也更有力量。这些想法不是让你对内疚感做出直接反应，而是让你从信任、爱和真相出发进行回应。

L（list）：列出你的证据

问：什么样的行动、价值观或证据会支撑关于这一情景的真实想法？

如果你想对新叙事的真实性有信心，那么最后一步是必不可少的。当审视你的想法时，你就是在寻找证据来证明这些想法是否真实、准确。在这最后一步，简单列出那些你用以替代谎言的准确而且真实的想法。我的大女儿心地善良，她在大学里积极上进。她很勤奋，上学时还兼职打工。她是一个会鼓励人的大姐姐，也是有爱心的女儿。显然，在对她的培养方面，我做对了很多事情。这看起来有些重复，但这样做有一个重要的目的。这一证据能支持并强化你的新叙事——一个需要践行并且重复才能立得住的新叙事。

这种对内疚感层层剖析的教练过程并不总是线性的。当你最终突破自我后，心情总是不平静的。无论你所经历的是兴奋还是敬畏的心情，流下的是释放还是解脱的泪水，最根本的是你守住了你的正直。你愿意说出关于你的想法的真相，这就给了你一双慧眼，让你能最终看清真相——无论这个真像揭示的是需要认真对待的真实内疚，还是需要放下的虚假内疚。

你的叙事其实是你向自己讲述关于生活事件的故事。正是你选择的思想流解释了你的生活是以什么样的方式展开、如何展开，以及为什么会这样展开的。你的叙事会影响你的感受，以及你如何为故事中接下来要发生的事情做决策。所以，==如果你的叙事在你没犯错的情况下说你有过错，那你接下来也会感到羞愧，遭到惩罚，甚至需要赔偿。==

好消息是你可以改变你的叙事。你可以选择新的想法，建立一个真实的、能让自己解脱的叙事。我创建了剥离流程这一工具，当你感到自己深陷内疚（尤其是虚假的内疚）时，你可以反复使用这一工具，挖掘自己最真实的想法。思想感悟能力是一种有韧性的技能，它能让你了解自己对生活中某些内疚触发点的反应。

莫妮卡的剥离教练

我为莫妮卡专门做了一次教练，帮助她层层剖析自己的想法和内疚情绪。下面你将看到，我是如何通过不断提问帮助她找到真相，使她放下20年来一直背负的内疚感的。通过层层探究，她能够清楚地看到自己对处境的解读如何导致了虚假的内疚，而她本可以放下这种内疚的。这也解放了她，使她能承认自己真正的内疚感，并原谅年轻时的自己，这样她就可以安心地真正接纳自己故事的每个方面，对此怀有信心，而不会感到羞愧或尴尬。从本质上说，当她停下来，对自己的故事进行层层剖析，并质疑自己原来所建立的叙事时，她就能够掌控这一叙事并对其进行重写。

当莫妮卡还是个十几岁的少女时，她的内疚触发点就开始形成了。怀孕时，她还是一名17岁的高中学生，一名学习勤奋、热爱学校的优等生。孩子的父亲是她做兼职时的老板，比她大八岁，不愿为此承担责任。贾娜还小时，在刚开始那几年，莫妮卡多次试图让他和他们的孩子建立起联系，都遭到了他的拒绝。莫妮卡决心绝地求生，她独自抚养孩子，并且在全职工作的同时还要完成大学学业。这很难，但她想尽可能让女儿过上好的生活，她相信继续深造能帮助她实现目标。

但是，鱼和熊掌不可兼得。虽然在她工作和上学时家人帮她照顾贾娜，但莫妮卡在下午五点工作结束后要直奔夜校，夜校的课程每周有三天，上完课回到家已经是晚上十点了。在不上夜校的晚上和周末的"休息日"，莫妮卡又需要打理家务，到超市采购，根本无法全身心陪伴女儿，用心教育，帮她成长。她为此不断自责，因为女儿如今还没能确定自己的职业规划，没有理财意识，只会把钱花在看电影和在外面吃饭上，而且学习成绩也没有莫妮卡预期的好。

我不知道你怎么看，但当听到莫妮卡对女儿的担忧后，我想到了两件事情：其一，贾娜听起来就是个正常的二十来岁的小姑娘；其二，我没看出莫妮卡担忧孩子的那些问题和她作为孩子母亲的抚养方式有什么关系。如果因为孩子还不知道自己想做什么，花太多的钱在娱乐和在外面吃饭上，没有获得全 A 的成绩，就认为自己是个失败母亲，那即使是最有爱心、最一以贯之、最令人佩服的父母也可能是失败者！

我问莫妮卡："你为什么内疚?"她回答："我为女儿没有走上正轨而内疚,因为作为母亲,我本可以做得更好。"这就是剥离流程的第一步,即精确定位你的内疚触发点。在日常谈话中,我们很容易对莫妮卡这样的回答信以为真,觉得"嗯,那一定感觉很糟糕,我能想象你有多内疚"。

这就是为什么剥离流程的第二步——审视你的想法——很关键。你不能仅仅因为你有这种想法就觉得这种想法是对的。因为是你的想法决定着你的内疚感,所以它值得我们关注和好奇。下面开始推开这些想法吧。

对你的想法保持好奇

好奇心是工具也是礼物。这是你发自内心的探究,你抬起眉毛,手拿放大镜,问:"这是什么?这是真的吗?为什么?这有什么证据?"要对自己的想法和你给那些让你产生内疚感的状况安上的原因保持好奇。

例如,当我开始对莫妮卡的想法和随之而来的她对自身处境

第 2 章
层层剥开内疚感

的内疚感到好奇后,我指出了连续发生的三件事。我们很容易忽略它们一时间是如何交织在一起的,但理解它们很重要:触发点—想法—反应。

这种思维—意识模式适用于我们所感受到的任何情绪。这个强大的工具可以帮你看到你的反应(感到内疚,然后因内疚而行动)是如何与你在面对内疚触发点时所选择的想法联系在一起的。当我们针对内疚感更具体地运用这一工具时,情况看起来是这样的:

(内疚)触发点(导致你感到内疚的情景)

↓

(内疚)想法(对于这个触发点,你的想法是什么?它通常可以被归类到我之前提到的内疚的五种思维模式上)

↓

(内疚)反应(内疚的情感以及你随后为减轻内疚所造成的不适而采取的行动)

这个简单的模型可以帮助你更好地了解自己的想法,以及它如何促成了你的情绪和行动。大多数人从不停下来想他们正在思考什么。如果你能这么做,就将得到一个很好的机会来判断这些想法对你有利还是有害。

下面，让我们来看看莫妮卡内疚情绪的触发点、想法和反应。

内疚触发点

莫妮卡的女儿贾娜没有达成莫妮卡的期望。

内疚想法

我年轻时的错误选择害了我的女儿，这导致她做了错误的选择。

我辜负了我的女儿，因为我本该陪在她身边却没有做到，我本不该在18岁时生下她，她的生父本该与她共同生活，她不该在一个单亲家庭里和我这个白天打工晚上上大学的妈妈一起度过生命的头七年。

我的小女儿加布丽埃尔的童年生活比贾娜幸福很多，这是我的缘故，所以我对贾娜不公平。

内疚反应

莫妮卡不断内疚并自责大女儿在成长过程中没有得到像小女儿一样的"福利"：陪伴的时间更长，更留心她的学业，家里有个好爸爸，父母婚姻美满。莫妮卡担心贾娜会因此感到不幸福，然后重蹈自己的覆辙。

出于加倍补偿贾娜的心理,她时时担忧贾娜能否成功,无视贾娜的积极选择,力推她去实现自己更高的期待,想努力把以前丢失的时间抢回来。

请注意,在五个内疚思维模式中,莫妮卡同时出现了四种:我做错了事;我造成了伤害;我做得不够;我拥有的比别人更多(这里指的是,我的小女儿比大女儿拥有更多)。

不管你想要掌控什么事情,都必须评估这里有什么是可以掌控的。掌控思想意识也是如此——你要知道其中有哪些是可以掌控的,要对此保持好奇,这样你才能判断出这些想法对不对,有没有助益。在心理学中,认知行为疗法能"帮助你意识到不准确的或消极的想法,这样你就可以更清楚地看待具有挑战性的情况,并以更有效的方式应对它们"。因此,"触发点/想法/反应"(TTR)工具通过对你对自己所说的话进行层层剖析来让你形成这样的意识,而这些话正是对触发你内疚的情景的反应。

在这次针对她女儿的教练对话中,莫妮卡经历了一个转折点。悲伤而坦诚地面对自己的内疚及其背后的恐惧,这是一个令人情绪动荡的时刻，但也是一个让她强大起来的时刻，因为这最终给了她一个答案，由此她才得以解脱内疚，获得自由。

莫妮卡：作为父母，我很失败，因为我的孩子并不出色。

我：她在学校成绩有进步吗？

莫妮卡：还好。课程分数都是 B 或 C。

我：那就是她没有考到你预期的成绩？

莫妮卡：也不是（表情纠结不安）……感觉她不知道她想做什么。

我：你在 20 岁的时候知道自己想做什么吗？

莫妮卡：（沉默许久）不知道。

我：你觉得贾娜就应该知道？

莫妮卡：那也不用……

我：我很好奇你为什么会对她有这样的期望？

莫妮卡：这么说吧。我在偏远的乡下长大，我身无长物，所以在成长过程中，我一直告诉自己，事情会有变化的。我母亲也是在 18 岁时生了我，所以当我在 18 岁时生下这个孩子……（长叹一口气）……我算是步了母亲的后尘，不不不，我不能重复她的命运（稍停顿了一下后，她开始静静地抽泣）。我就是想让女儿生活得比我好，因为我在十几岁时，就陷入困境了。我不想她也沦落到这般地步。我告诉贾娜，你在30岁之前就应该有点家底，你不能到了35到40岁时还在摸索人生。你的生活可以走上正轨的，但你现在就要开始努力了。你不能一边漫无目的地生活，一边想，"哦，一切都会好起来的"。如果你现在努力一些，以后就不必那么艰难。我不想让你临到最后才发现，自己从来就不曾做过内心想做的事情。

我在18岁就生了她，许多人生计划因此泡汤。我一点也不后悔生了她，我只是觉得如果晚点生她就好了，就能给她更好的生活。我不想让她经历我曾经历过的那些人生艰难甚至凌辱。

我：你觉得贾娜20岁时的生活和你20岁时的生活，有哪些方面是相似的？

莫妮卡：（长长地停顿了一下）没有。（停顿）我猜是因为她没有达成我对她的一些期望，我觉得她没有走上成功生活的道路。

我：贾娜有孩子了吗？

莫妮卡：没有。

我：你担心有一天她会大着肚子回家吗？

莫妮卡：没有担心过。

我：她在成长过程中有过你曾经的那些烦恼吗？

莫妮卡：（轻声地笑）完全没有。

我：你现在可以闭上眼睛，想象一下你不认识贾娜。她的生活和现在一模一样，但她生活在另一个家庭。她正在上大学，正住在家里，有一份工作，但她还不知道自己的职业规划。你觉得她以后的生活会如何？

莫妮卡：（平静而放松）她没问题。

我：为什么？

莫妮卡：因为她走在正确的生活轨道上，没有吸毒，不粗野。（鼻塞声很重）她和现在其他那些20来岁的年轻人一样，喜欢看电影和在外面吃饭，不确定自己想要什么。

我：你对你刚刚说的这段话有什么感觉？

莫妮卡：很不错。也不会因为我脑子里的想法——我是个失败者——而责怪自己太多。这显然不是真实的情况。

我：那我们如果再回到你原来的内疚陈述，"作为父母，我很失败，因为我的孩子并不出色"，你还认同吗？

莫妮卡：不认同。

我：你能用更准确的描述来取代这个想法吗？

莫妮卡：可以。（稍做停顿）贾娜很优秀。我的期望值也许有点高。作为父母我没有辜负她，但我对她的期望要现实一点。

我：那么，你能接受的两个现实的期待是什么？

莫妮卡：（在长长的停顿后发出一声叹息）在学习方面，她很专注，也很努力，这很好。如果她就是只能得到 B 和 C 的成绩档次，我肯定也会接受，不会苛求她为什么就得不上 A。

在生活方面，她也不一定到 21 岁时就能把生活上的事情都搞明白，不一定知道自己要选什么样的专业和职业道路。

我：所以你现在的新想法是什么？

莫妮卡：我不是失败者。

我：你接下来要怎么做？

莫妮卡：嗯呢。（轻松了——啊哈！）我要继续对女儿的生活产生积极的影响。我要支持她的大学生活。我要坐下来和她一起制定一份规划，而不是让她只是因为我的反对意见而手忙脚乱。

莫妮卡现在能够放下内疚，并且把自己看成一位仍然需要指导的成年孩子的母亲。对于当年无力改变的境况，她能原谅自己了。原谅让你能够释放愤怒和其他有害情绪，这些情绪往往会扰乱你的思考，让你难以卓有成效地发展。

虽然你的内疚触发点可能与莫妮卡的很不相同，但通过这段谈话，你可以看到精确定位内疚触发点，然后审视会导致你内疚感的想法是一个多么有效的方法。莫妮卡发现自己的想法并没有如实反映事实，于是她把这些不真实的想法替换成了真实的想法，并用证据来支持这些事实，这就是剥离流程。我现在想请你亲自试试。

写下你的内疚

当思考自己的内疚感时，把剥离流程写下来可以很好地帮助你创造出自己的突破点。社会心理学家和研究者劳拉·金（Laura King）博士认为，写作是一种强有力的思考模式。与单纯思考不同，书写可以建立一个记录，可供你再次访问和分析，这样你就可以将记录下的事情关联起来。现在，你可以试着采用剥离流程对自己提问，并写下你的答案。

确定你的内疚触发点（P）：我的内疚触发点是什么？

_____

_____

_____

审视你的想法（E）：对这个内疚触发点，我是怎么和自己说的？

_____

_____

_____

把虚假的想法换成真实的想法（E）：对于这样的情景，我应该如何更准确地描述？

_____

_____

_____

列出你的证据（L）：什么样的行动、价值观或证据会支撑我关于这一情景的真实想法？

_____

_____

_____

_____

真实的内疚

如果你的内疚不是虚假的内疚呢？如果这条信息拼命想要引起你的注意并告诉你，你的行为与你的价值观在哪些地方不吻合呢？

并非所有内疚都是虚假的，有时我们就是做错了。摆脱真实内疚的唯一方法就是以足够的谦逊、勇气和诚实去面对它。感到内疚是我们天生就有的能力，因为这有助于我们将自己的价值观与行动统一起来。这服务于一定的目的。当预计事后可能后悔时，内疚感就会阻止我们去做那些将来我们可能为之后悔的事情。正如我们将要探讨的，内疚不一定是一种消极情绪。如果真的做错了事，真正的内疚是正确的反应。但我们要学会走出这种类型的内疚。

我们常常出于恐惧而抗拒真实的内疚，因为承认错误就意味着我们需要承担一些后果，而我们却想避免承担这些后果。避免疼痛是人类的自然反应。但我们要记住，内疚是一个信号。你坚信自己应该说出真相，应该道歉，应该弥补吗？再多的逃避也不能消除你的内疚。自由会伴随着真理而来，我们必须愿意接受结果，相信未来会由此展开。

正如有一个教练过程能帮助我们摆脱虚假的内疚，放下真实的内疚也有一个教练过程，我喜欢称之为"6A"过程。

1. 承认过错（admit）：我的确做错了，我造成了伤害。我承认错误。我需要承认什么？

当你真的做错事情时，要承认。你要说出真相，承认自己的错误带来了痛苦和伤害。明知错了还试图掩盖，或者死不认错，只会让你负担更重。承认真相能给你力量，让你获得疗愈。这个步骤需要你做到谦卑。你必须承认自己的不完美、自己的缺点，还要有对自己的行为负责的意愿。

2. 评估错误（assess）：我造成了什么伤害？我违反了哪些价值观、规则或期望？

思考你的行为造成了什么样的损害。这能帮助你更好地认识自己的行为造成了怎样的影响，以及接下来你需要采取哪些行动。

3. 道歉（apologize）：我应该向谁道歉？该如何真诚地道歉？

真诚的道歉需要你承认和具体描述你做错了什么，它如何影响了对方，你做出赔偿的意愿，以及你将在行为上做出的改变。要能揽过，就像这样："很抱歉我没有为这个项目做出应有的努力。我知道这件事会让你忙上加忙。"

4. 弥补错误（atone）：我能补救吗？如何补救？如果不能，我可以做些什么来阻止进一步的伤害？我为此要付出什么样的代价？

你做错的事情并不总是能挽回，但如果有可能，你就应该这么做。如果有办法确保这种事不再发生，那就要去做。如果你必须为此付出代价，那就付出代价。在适当的时候，问问自己怎样才能补偿对方。

5. 调整行为（adjust）：我可以从中吸取什么教训？未来该如

何改变行为，以确保这种情况不再发生？

真正想要悔过的人会改变自己的行为，这是证明你道歉真诚的最有力的凭证。它需要你发自内心地认识到错误，吸取教训，改变行为，以保证自己不会重蹈覆辙，不会再以同样的方式伤害他人。

6. 宽恕自己（accept）：我会原谅自己吗？我会请求我曾伤害过的人原谅我吗？

我们都曾做过需要被宽恕的错事。如果你已经真诚地走过了前面这五个步骤，那就为最后一步做好了准备。接受宽恕意味着承认你没做好，你搞砸了。如果有幸得到被伤害者的宽恕，那么请以真诚和感激之情接受这份仁慈和恩惠。

当虚假的内疚与真实的内疚交织：找到事实的脉络

克服虚假的内疚感就是澄清自己的价值观和期望，接受自己的不完美，拒绝陷入所面临的任何坑；而克服真实的内疚感的过程是倾听你所得到的信息，怀着真诚的悔意采取行动，弥补犯下的错误,然后原谅自己,接受被伤害者的宽恕。

下面这个案例能很好地表达我的意思:我指导莉莲是在她发现自己与姐姐格蕾丝陷入争执之后,格蕾丝对她进行了猛烈的指责,莉莲觉得这不公平。格蕾丝认为莉莲总是以自我为中心,在她面前充满优越感。格蕾丝说,在家庭聚会上,莉莲总是滔滔不绝地谈论她在工作和事业上的成功,而对作为全职妈妈的姐姐在生活中发生的事情全不在意。

莉莲最近得到了提拔,她的新职位非常棒,能到世界各地出差。仅去年一年,她就因公去过中国香港、英国伦敦和巴西。在这之前,莉莲只去过北美地区,所以有机会出去看看世界让她激动不已,这简直是梦想成真。职业的精彩超出了她的预期,她觉得唯一可以真正自由地谈论自己的新经历的场合就是和家人在一起时,至少她自己是这么认为的。

格蕾丝指责莉莲看不起她,对她持一种失望而有偏见的态度,认为格蕾丝做了全职妈妈对不住父母努力工作才让她接受的教育。其实莉莲从来没有对姐姐或其他任何人说过这样的话,令她感到难过的是,格蕾丝不仅指责她傲慢自大,而且还反复对家里人这样说。

在我们的教练课上,莉莲告诉我,"她这是在嫉妒我自由自在,不用照看孩子,还有一份喜爱的工作。我还以为她会为我高兴呢。说实话,她指责我瞧不起她让我很受伤!"

"嗯,"我边思考边说,"我当然可以感受到你对新工作的喜悦之情,以及希望与家人分享的冲动。但现在被指责成'以自我为中心',你可能会感到有点难为情。"

"没错!"莉莲插话道,"我觉得我处在一个安全的地方,但让我生气的是,我感觉她因为自己缺乏安全感,就想把我的安全感也夺走。"

"你觉得她对什么没有安全感?"我开始提问。

"她上了大学,甚至考上了研究生,但最终这些都没能派上用场,"莉莲解释道,"随着时间的流逝,她看到老同学们都在事业上取得了进步。她担心当她准备好要进入职场时,可能会很难如人意,至少找不到自己在学校时曾梦想过的那些工作。"

"她告诉过你她是这么想的吗?"我问道。

"是的。我也同意她的观点!"莉莲说得很清楚,"她声称就想待在家里，但我不确信这是不是她的真心话。"

"稍等一下，让我们想想你刚才是怎么说的，"我在回应的同时，观察她怎么用词，"你用'声称'这个词来描述她心态的变化？"

"没错，"莉莲肯定地说，"我觉得她是想表达自己要全职在家的想法，虽然这令人难以置信。因为就在几年前，她还非常看重事业，然后她遇到了凯文并且结了婚，突然就转变思想，想成为一名全职妈妈。她以前从没这么说过！很难相信她会有这么大的思想变化。"

"所以，你在判断她是否相信自己所谓改变意愿的说辞？"我轻声问。

莉莲停顿了一下，然后叹了口气。"这只是我的判断而已。"她不情愿地说，尴尬地笑了笑。

"你认为她的书是白读了吗？"我再次发问。

"嗯，我原来没这么想，但我能感到父母有点失望，因为他们为我们做出了很多牺牲，希望我们可以利用学历背景来追求自己曾说过的职业目标。"莉莲坦言道，"我的父母曾经捎带着说过，

第 2 章
层层剥开内疚感

他们在格蕾丝的教育上投入这么多,当得知她选择了另一条路时,感到很失望。也许我也接受了他们的这种感受。要知道,我们的父母甚至都没有上过大学,而我们都是拥有硕士学位的人。我们的成功对我们的家庭来说是非常荣耀的事情。"

"那会不会有可能你在与格蕾丝交流时,即便没有明说,也会因交流方式而流露出这种失望感呢?"我问道。

"哦,的确有可能,"莉莲缓和下来,"虽然我不是有意的。"

虽说也许有些人会断然拒绝批评,但那些愿意弄清楚真相的人会停下来,查看他人的批评中有没有确实应该加以解决的问题(即使有些话说得很无礼,或者来自你非常不认可的人)。

虚假的内疚也是如此。在虚假的内疚感里,也有一些真实的成分,能提供一些值得留意的信息。当注意到这一点真相,你就可以摈弃故事里那些虚假的成分,同时诚实地对待故事中那些真实的、应该被妥善解决的因素。在莉莲的案例中,因为被指责过多地谈论自己的工作,她产生了虚假的内疚。她也和其他家庭成员谈到过,但没有人像格蕾丝这样反应。他们都肯定了她因为成功和好运而感受到的喜悦。他们都以莉莲为荣,并不觉得她说多了。就目前而言，她在与姐姐分享时，对分享的内容要谨慎一些，因为她现在意识到了，格蕾丝不是她谈论职业生涯的最佳对象。她今后不会对格蕾丝隐瞒任何事情，但也不会特意去和她聊工作的话题。

剥离流程对解决虚假内疚的效果很好。我们可以总结如下。

- **确定你的内疚触发点（P）**：莉莲的姐姐格蕾丝指责她"过多地谈论自己的工作"。
- **审视你的想法（E）**：莉莲真没觉得自己"过多地谈论工作"。
- **把虚假的想法换成真实的想法（E）**：莉莲已经因为这虚假的内疚而不敢和任何家人分享工作成就了，但在与其他家人讨论之后，她确信这并非必要。"我可以和家人谈论工作带给我的惊喜，但现在不宜和格蕾丝分享，因为这会给她带来一些困扰。"
- **列出你的证据（L）**：莉莲与其他三位家庭成员沟通了，大家都不认可格蕾丝的想法，这样的证据给予莉莲信心，让她放下了虚假的内疚。

此外，莉莲在沟通中可能表现出了对姐姐的优越感也是事实，这与她善良、谦逊和爱的价值观相抵牾。因此，源于此的内疚感是真实的，想要消除这种内疚感，她就必须负起责任，并在行动上有所改变。她正是这么做的。于是，她收起骄傲，打电话给她的姐姐，坦诚地进行交流。她解释说自己并非故意要让姐姐痛苦，她认真考虑了姐姐的指责，她理解格蕾丝是如何得出这个结论的。莉莲诚恳承认，并为此道歉。她改变了自己的态度。对于姐姐在人生的这个阶段改变对工作的心态，她不再去做评判，而是认同其选择并选择相信她所说的话。

格蕾丝畅谈了她的人生选择，并向莉莲解释说，她原本并没想要改变自己的职业心态，但有了孩子后，看法就变化了。她想待在家里。尽管她意识到这意味着她需要调整自己未来的职业期望，但还是平静地接受了。

莉莲利用"6A"过程消除了她的内疚感。

- **承认过错（admit）**：她向姐姐承认，她和父母一样感到有些失望，因为格蕾丝在教育上投入了这么多，却似乎很快就放弃了自己的梦想。她不知道格蕾丝是否能诚实面对自己的这一愿望。她承认这些想法影响了她对格蕾丝谈论某些事情的方式，这是不对的。

- **评估错误（assess）**：她告诉格蕾丝，当她那样对格蕾丝说话时，格蕾丝当然应该感到沮丧和恼火，格蕾丝可能会觉得自己这是在被人评判。虽然莉莲不是故意的，但那是错误的，她为这件事对格蕾丝的影响承担了责任。

- **道歉（apologize）**：她诚恳地说，"我为以前的傲慢道歉，很抱歉这让你感到难过。希望你能原谅我"。

- **弥补错误（atone）**：在听完格蕾丝分享自己的心态为什么会有这样的变化后，莉莲决定找机会和父母分享一下她对格蕾丝这种变化的理解。她不想再静观，甚至助长父母的失望之情，她要帮助父母从不同的角度来看待这件事情。

- **调整行为（adjust）**：莉莲答应当以后与格蕾丝谈论工作和事业时，会注意语气，并理解和支持她的选择。

- **宽恕自己（accept）**：格蕾丝对莉莲的坦诚感到惊讶，她原以为莉莲会继续否认她有傲慢行为。格蕾丝很感动，她原谅了妹妹。

接下来你要做的事情

- 从你的内疚清单中找到你现在最想解决的一个内疚触发点。
- 采用剥离流程进行层层剖析,并确定它是真实的内疚还是虚假的内疚。
- 执行流程的每一个步骤,最终放下内疚。
- 决定什么时候你会对自己面临的其他内疚触发点重复这个过程。

宣 言

我收到了内疚向我发出的信息,但我会用爱和真理来回应。

第 3 章

幸福是一种风险，内疚使人安全

诱使你放弃快乐、选择内疚的惊人习惯

Let Go of the Guilt

Stop Beating Yourself Up and

Take Back Your Joy

虚假的内疚的说法令人费解。当我们实际上并没有做错任何事,也无须为引起伤害负责时,为什么我们会感到内疚?当我开始问为什么的时候,一个特别的答案引起了我的兴趣。这也许是因为当时我还不知道,我自己就是这种说法的最好例证。

开始写本书时,我做了很多访谈和调研,这加深了我对内疚本身以及如何放下它并找到真正的快乐这个问题的理解。但当我有一次同执业心理治疗师和心理教练吉尔·琼斯(Jill Jones)说到某个特定时刻时,她的话让我迷途知返。

"幸福是一种风险,"她实话实说,"而内疚让人感到安全。"

我难以置信地看着她。幸福是一种风险?我从没听过这种说法。这是什么意思?这是真的吗?

在职业生涯中,多年来我一直在说幸福是一种选择。我们追求幸福没有别的意思,就是为了幸福本身。我从未有意识地将其视为一种风险。你可以认为我很天真。对我来说,幸福就是即便不去说但我们都想要的东西。但当我问她,"幸福是一种风险"这句话有什么含义时,我在内心深处就意识到自己的这种反应已经假定这种说法是合理的。

当思考她的说法时,我很快想起了第一次听作家兼研究员布琳·布朗(Brene Brown)博士描述的"不祥的喜悦"(foreboding joy)这个概念。直到那时,我才知道还有一个专门的词来形容这样一种现象——虽然感觉现在很快乐,但预感不好的事情可能就要找上门了。虽然我一直没有找到一个词来描述这种情况,但似乎我一直都有这种感觉。我相信这是在我童年时就呈现出来的一种思维模式。我要请你们看看我个人生命旅程中的几个节点,希望这能激发你去思考和澄清可能导致你产生虚假内疚感的担忧和动机。

人生愿景

我清楚地记得那是在一个秋日,我对生命的愿景突然有了一个顿悟。当时我正开车转进一座二层公寓楼前的停车位,我和舍友在那里合租了一套公寓。我那会20岁,刚在佛罗里达农工大学读了一个月的新闻学研究生课程。我当时好像瞥见了自己的未来。

"你以后会写书的。"我在心里感觉到了。这个愿景并没有太多细节，但我有清晰的目标。

我感受到的第二个信息是这样的：成为作家后，你就不仅有了一份自己热爱的职业，而且还会有弹性的工作时间，方便你兼顾事业和家庭。甚至在很年轻的时候，我已经在思考如何兼顾事业和家庭的问题了。当时我还不知道自己会去写什么类型的书，但是"写书并且拥有弹性工作时间"的人生愿景一直回荡在我的内心深处。

我喜欢书。孩童时期，我没有兄弟姐妹，很早就学会了看书，所以书对我来说就像朋友一样。我用读过的书以及它们对我的思想、信仰和自我意识的影响来标记生命中的各个阶段。在家里，我用书来当装饰品——咖啡桌上，厨房里，茶几、书架和梳妆台上，到处都是书。所以说，我可能会把一个能真正从事图书创作的职业作为目标，这个想法是一个比我曾经有过的任何其他梦想都要大的梦想。

仅仅六年后，我出版了第一本书。在这之后的几年里，我开始全职从事写作和演讲。但在那个秋日过去 20 多年之后，我的整个愿景才成为现实。

第 3 章
幸福是一种风险，内疚使人安全

我以为当多年前的梦想成真时，我会感受到幸福、兴奋和纯粹的喜悦。我最不希望看到的是，当实现了一个在心中坚持了20年的愿景时，自己会感到内疚。

接受包括内疚在内的一切

23年后的又一个秋日，我意识到当年那个20岁的我打算做的事情，现在却是我最感到内疚的事情。比我当年的想象还要更梦幻的场景是：我有了和我一样在科罗拉多州长大的丈夫；从我的办公室到家里的车库只有半英里，开高尔夫球车就行；家人们住的地方离我家只有几分钟的路程；我的公司正在蓬勃发展，对世界各地人们的生活产生了积极的影响。我这一路走来不容易，但一直处于稳步上升中。

在这特别的一天，我和丈夫开着高尔夫球车把儿子送到托儿所，然后径直走进了隔壁的办公室。是的，你没听错。从我的办公室可以直接俯视我儿子所在托儿所的操场。当时，我们住在佐治亚州的桃树市，位于亚特兰大南部，这里有近百英里的高尔夫球车专用路和15 000多辆高尔夫球车。你可以开着你的高尔夫球车去任何地方——学校、你最喜欢的餐馆、杂货店等。我测过时间：从我家开车去儿子的托儿所需要 3 分钟，然后再用 15 秒就能把车停在隔壁的办公室前面。

那天把儿子送到托儿所后，我又开始向丈夫说起自己经常会感受到的那种伤感情绪。

"我感到如此内疚。"我重重地叹了口气。

"为什么？"他充满疑惑地问道。

"把儿子送到托儿所让我感觉不好，虽然现在每周只工作三天，但我觉得自己工作的时间太多了，去工作就像去做什么坏事一样。"我回答。住在一个大多数年轻妈妈都不出去工作的社区里，我经常会觉得我的生活跟人家有点不一样。

这时，我丈夫的一句反问把事情挑明了。"这不就是你的人生愿景吗？写作，演讲，经营自己的事业，这样就可以拥有灵活的时间同时兼顾家庭和工作了。"

那一刻，我的愿景被他唤醒了。在那一刻之前，我甚至都没有想到，我终于实现了自己 20 岁时就已经开始展望的愿景。人生

第3章
幸福是一种风险，内疚使人安全

的路程太长，以至于我竟淡忘了自己的目标。我一直在顽强坚持，即使在希望渺茫的时候也没有放弃我的目标。20多年之后，这个愿景才最终实现，这比我当初设想的时间要漫长得多。这是一条铺满失望、心碎、恐惧和贫瘠的道路，但路的尽头是柳暗花明的纯粹喜悦和注定要由我们抚养长大的儿子。然而，内疚紧随其后，心情开始跳水，虽然我看到儿子走进教室见到他的朋友时非常开心，他们击掌庆祝。当他要进门时，朋友们会一起大声喊出他的名字"亚历克斯"。

"可他很喜欢那里啊，"我丈夫完全不能理解我的内疚从何而来，"他的朋友都在那里，他也真的擅长社交。这对他很好。你也是一个好妈妈。你的生活轨迹完全符合自己的期望。"他肯定的话语就像给了我一个温暖的拥抱，也提醒我，我正走在自己规划好的路上，遵循着我的价值观，践行着我的使命。我真希望这些话是由我自己说出来的。我很想停止这种胡思乱想，好好放松一下。

从某种意义上说，将负面情绪插入本来令人快乐的环境中，是一种自我保护。这是我在告诉自己，生活很美好，但还不是太好。我似乎在想，如果某天出了什么差错，这种坠落也许不会让人觉得那么可怕，因为它本来就不完美。其实我没有那么快乐。

幸福需要勇气，也需要努力，更需要耐心和韧性。它还需要有希望，但希望很容易破灭，失望总有可能出现。

我很早就学到了这一课，那是在我童年最快乐的夏日时光。从三岁起，我每年都会被送到祖父母所在的南卡罗来纳州老家去过暑假。那时候的日子无忧无虑，充满童趣和亲情。那些夏日帮助我解决了我是谁、我从哪里来的问题，驱策着我去过一个有意义的人生。

当我在那里度过第七个夏天时，爷爷说他得了癌症，这是一个我从来没听说过的生词。我们整个夏天都在陪爷爷看医生，爷爷不停地念叨说这是我们在一起的最后一个夏天了，奶奶会迅速地反驳他。但爷爷是知道的。劳动节刚过，他就走了。这么多年过去了，我还是会哭着打出这些字。爷爷相信我是非凡的，他爱我，他让我觉得自己很特别。

他的过世是个开端，此后大约每过两年，我的世界都会变化一番，变化方式可谓多姿多彩。我还记得我坐在奶奶的膝上哭着，无法想象我们再也见不到爷爷了。她擦去我脸上的眼泪，向我承诺道："从现在起，我既是你们的奶奶也当你们的爷爷。一切都会变好的。"可她的这个承诺也未能天长地久。在爷爷去世两年后，

第 3 章
幸福是一种风险，内疚使人安全

奶奶也去世了。似乎每当我习惯了一个无奈的现实，一个新的无奈的现实就会出现。在她去世两年后，我的父母又分开了，母亲搬到了 90 英里外的另一个州。这之后的第二年，我们的家彻底散了。又过了两年，我的父母最终离婚了。

我告诉你这些不是想让你为我难过，我们都有各自的人生故事。我想表达的是，我总是觉得我的世界会从我的脚下被夺走。总有一种声音在告诉我："不要太高兴了，它不会持续太久！"我确实不敢幸福，因为我害怕失去幸福。

对我来说，幸福是有风险的，要幸福就要冒着失望的风险。完全拥抱幸福意味着，我会在其实并无信心的时候，仍然期待幸福会在身边出现。幸福指数越高，我就越担心灾难将会来得更剧烈。所以，如果能找到一种方法把我的幸福指数降低几个点，我就可以感到更安全一点，我就可以缓冲那些让我如此焦虑又下意识地害怕定会到来的灾难。

因此，我倾向于把一些负面情绪带入我的生活里来做中和。20 岁刚出头时，我从学校毕业，开始了一段令人惊叹的生活，可这让人患得患失。我担心自己会遭遇可怕的悲剧，尽管一切似乎都很顺利！我祈祷继续幸福并收到祝福，但我又担心自己要求太

摆脱精神内耗
Let Go of the Guilt Stop Beating Yourself Up and Take Back Your Joy

多了，因为我已经得到了这样的祝福。当我和男朋友订婚时，我担心在婚礼前会发生点什么事情，通往真爱和婚姻的道路显得如此漫长。愿望真的会实现吗？我数着日子，担心在我们结婚前脚下的红地毯会被抽走，但我不敢告诉任何人我有这样焦灼的、不理智的想法。后来我们结婚了，我的梦想实现了。然而，这种担心并没有完全消失。随着我的生活被作为妻子和继母……然后是妈妈的新责任填满，以前的担心基本上远离了我。但是快乐并没有取代忧虑；相反，我的担忧换成了内疚。

"这并不是说幸福的感觉会让女性担忧，"佐治亚州的执业临床社会工作者吉尔·琼斯解释道，"她们是担忧作为一种人生命运的幸福。"这种感觉就好像我们相信当上帝俯视着众生时，会说："就是她！这个人拥有的幸福太多了！"更糟糕的是，她还指出许多人因宗教信仰而相信两件事：（1）你必须通过总是做正确的事来赢得进入天堂的道路；（2）作为人类，遭受一些苦难是我们的本分。因此，我们会用内疚和恐惧来制造一点痛苦，以"中和"幸福。正如琼斯所说："我们总是会认为'这不是我应得的，我何德何能配拥有这一切？'"

让我们仔细看看这里的问题：

第3章
幸福是一种风险，内疚使人安全

- 我们渴望幸福；
- 我们害怕幸福；
- 不幸福带来的安全感；
- 内疚的好处。

我们渴望幸福

我曾把幸福当作我们实现自己定下的各种目标的动力来讨论。从根本上说，幸福本身就是我们所追求的东西。我们之所以追求其他事情，一般是因为我们相信如果得到了这些东西，我们就会更幸福。无论这是一段感情还是一个职业机会，无论是挣钱还是减肥健身，我们追求这些目标也是因为当实现目标后，我们会更富足、更快乐。没有人会问"你为什么想要快乐"，因为这是理所当然的事情。即使那些最悲观、最懒惰的人也不会设定一个目标，让自己在新的一年过得更悲惨、更痛苦一些。

那么，什么是幸福呢？这是一种主观上的安乐之感。我不能下结论说你是幸福还是不幸福，因为只有你自己才能做评判。

问题是，通往目的地的道路都是曲折的，障碍和挑战比比皆是。为了目标，我们常常要付出代价——付出我们的时间、精力以及做出其他方面的牺牲。

一般来说，我们想要感到幸福、快乐，这是人类的本能。但幸福是一段充满选择的旅途。研究表明，50%的幸福可归因于我们天生的性格，40%归因于我们有意识的选择。我们可以通过自己的选择来影响幸福，这是一件很笃定的事情。但是，当那些能带来更多幸福的选择与我们虚假的内疚感纠缠在一起时，事情就变得复杂了。

此外，当我们对幸福的信念让我们感到对幸福的渴望是自私的、不公平的或非精神性的时候，内疚感就会淹没它。

我们害怕幸福

大多数人害怕风险，所以从来没有为他们的宏大梦想坚定地迈出脚步。无论是失败的风险，被拒绝的风险，还是其他不确定的风险，未知总会点燃恐惧。一系列"如果……会怎样"的问题出现了，这意味着红灯亮了。如果失败了怎么办？如果我是错的怎么办？如果他们不认同我的决定怎么办？如果……当你问了自己一堆这样的问题后，恐惧就会把你打败。

<u>无论是什么目标，我们总喜欢高估追逐目标的风险，尽管这样的目标真的能让我们感到幸福。</u>这是一种保护机制。与其因为低估风险而做出选择，让自己生活在后悔中，不如高估风险按兵不动，从而避免因此而烦恼。

恐惧的力量是强大的，我们的大脑会自动捕捉到恐惧的信息。不论是没有理由的恐惧还是有理由的恐惧，大脑都会认真处理。因此，当那些"如果……会怎样"的问题开始出现，我们的恐惧就会进入"峰值"，我们的大脑自然地想要避免那些恐惧，提醒我们可能会出现的潜在危险（代码：疼痛）。

如果说幸福是一种风险，那它同样也伴随着一组"如果……会怎样"的问题：

- 如果我不配享受幸福呢？
- 如果我是幸福的，而与此同时别人却在受苦，那可怎么办？
- 如果我不能总是保持这种程度的幸福或成功呢？
- 如果别人嫉妒我怎么办呢？

- 如果我的反对者是对的，当我失败时他对我说"我早就告诉过你吧"，怎么办呢？
- 如果我的幸福会阻碍我的人际关系，怎么办呢？
- 如果找到幸福的时间比我预想的长呢？
- 如果我追寻的幸福最后没能让我获得幸福呢？

…………

这些问题我们通常不会大声发问。有时它们是我们脑海中固执而安静地播放的副歌。有时它们是我们精神世界中很大的一部分，我们也从来没有意识到它们会让我们感到恐惧。

为了幸福，你可能需要放弃已知的确定性。但对有些人来说，在潜意识里，固守已知比冒险走出舒适区更能让人感到安全。但是如果在生活中做出了本来害怕做出的改变，你可能会成功地变得比以往任何时候都快乐。

不幸福带来的安全感

如果幸福是一种风险，那么不幸福就是安全的。事情是确定的，你知道应该预期什么。内疚是造成不幸福的众多负面情绪之

第 3 章
幸福是一种风险，内疚使人安全

一。当你感到内疚时，你就会出于内疚而采取一些行动，而这些行动就会变成你的标准动作。你能预料到自己的行动，其他人也能预料到。这是一种束缚，但你知道界限是什么。这些界限把你限制在一种不真实的生活中，尽管它肯定是你所熟悉的。

不快乐带来的安全感就是舒适区带来的安全感，但这实际上不是真正的安全，而只是一种安全的感觉。你可能不喜欢不快乐，但至少你知道接下来会发生什么。你知道会有什么样的争论，该去安抚谁，以及你将会有什么样的感觉。

要想幸福，你可能得设定界限。你可能得停止为那些不相干的事情负责，而是让其他人入局。你可能要有自己的价值观和意见，可能还得与周围的众人不同才行。你可能要停止在事实并非如此的情况下假装一切顺利。你可能要停止把问题归咎于他人，而要自己承担起责任，即使你对承担这样的角色感到内疚。你可能不得不对自己过去的选择做出评估，吸取教训，并原谅自己。这不是一件容易的事情。对大多数人来说，这些行为都不在舒适区内。这些事情让人感觉有危险，但为了快乐，你需要采取这些行动。

虽然这听起来很荒谬，但由于在幸福缺席的情况下我们感到如此自在，所以在没有理由不幸福的时候，我们就会制造出一个理由，比如，担心、不满、嫉妒、责备、刺激，当然还有内疚。所以我说内疚感是安全的，我的意思是内疚感会把你的情绪从积极的转变成消极的，让你感觉更熟悉、更舒适。你准备在何时以虚假的内疚感来取代快乐，这取决于你自己。

内疚的好处

当感到虚假的内疚时，你就得到了某种好处，即使你难以将其表达出来。还记得我曾说过，我们有多种负面情绪可供选择，以便搞得自己不快乐，因为这样就可以感到安全吗？这么说吧，<u>内疚是一种消极情绪，它具有很多别的消极情绪所没有的好处。其中之一就是，内疚会让你看起来更高尚。</u>毕竟，如果你感到内疚，那就意味着你能给人不错的感觉。你有所担心，你小心谨慎，你想做正确的事。如果别人能同情你，那就更好了。即使不是，考虑到别人对你的看法和反应，内疚也有助于你在某种情况下有更好的感觉。等下我会为你们提供一个工具来处理这个问题，你就能理解我的意思了。

第 3 章
幸福是一种风险，内疚使人安全

深入运用自我教练

一个我最喜欢的方法是，将教练与写作结合起来，以对某个困境进行层层剖析，从而更好地了解到底发生了什么。虽然有个教练带着你"通关"是一件很棒的事情，但比这更棒的是你掌握了自我教练工具，并可以随时随地加以应用——不仅仅是在教练课上。这个过程很简单，但还是要按以下步骤来完成。

- 停下来，安静下来。
- 祈求智慧和勇气，完全诚实地作答。
- 在你的这种情况下，是什么样的恐惧和障碍阻止你得到自己想要的东西？问自己一个强有力的问题，找到这种恐惧或障碍的根源。例如，在这种情况下，我能从内疚感中得到什么？写下或口述你的答案。
- 继续追问下面的问题，继续对内疚感进行层层剖析。比如，看看自己对以前问题的答案，接下来可以问：这能给我什么？或者，这样做会有什么样的安全感？写下或者口述你的答案。
- 只有当你问过自己这些强有力的问题，揭开了这两层思维，你才可以开始看清楚内疚是如何悄悄地潜入你的思维过程，并创作出关于它的故事的。

- 然后，看看你真正想要的快乐，你想以此取代内疚。问自己这个问题：在这种情况下感到快乐会是什么样子？如果在这种情形之下，快乐不是一种恰当的情绪，那么也许可以用平和这个词来代替。写下或口述你的答案。
- 最后，如果你诚实地回答了以上问题，那就问问自己：接下来的明智之举该是什么？

自我教练并不是一门精确的科学，但它很管用。花点时间，放慢节奏，注意到你的内疚感，探索它，有意识地选择你想如何前进。

为了帮助你理解如何运用这种方法，我将分享自己是如何将这个过程用于写作的。当没有完成写作计划，或者更糟糕的是，当交稿日期临近时，我的内心经常会充满内疚。但因为我真的很喜欢写作，所以我的内疚其实并没有什么影响。这两个对立的事实榨干了我的快乐。在职业生涯中，我放任这种情况发生过很多次。我想知道，"幸福是一种风险，而内疚让人感到安全"这一观点到底是不是有用。当进行自我教练时，我发现内疚确实让我感到了安全。

以下是我的自我教练日记的一部分。请注意我是如何先承认遇到的任何问题，然后再另外提出问题来一层层抽丝剥茧地进行分析的。

当我没有写作时，内疚感能让我得到什么？这有什么好处？

好像这样我就会觉得自己真的很努力；

感觉自己在苦苦挣扎；

感觉对不住自己；

相信别人会同情我；

感觉可以再往后拖一拖。

上面这些感受会给我带来什么？

这些"好处"给了我一个借口，让我把当前正在做的事情坚持下去。这还让我觉得写作不管怎么说都是困难的事情，不能等闲视之。

"觉得写作必然是困难的"又会带给我什么好处？

更少的幸福感，这是对不写作的惩罚，因为写作是我应该做的事情。不写作而快乐是不被允许的。

如果写作是一件快乐的事情，我的感觉会怎样？

我感觉自己总是有目标，写作时会有深深的满足感。但我不知道自己能否坚持下去，这是一种来自成功的压力，我会担忧自己是否能继续成功下去。这个感觉就像患上了冒名顶替综合征（impostor syndrome）。我已经出版了12本书不会是侥幸吧？我这是不是撞了大运，还写得下去吗？还能写出第13本书吗？

当写第一本书时，我感觉如梦如幻。

等等！事实并非如此！我是在第三次尝试写作时才完成了自己的第一本书，那时我已经厌倦了只是嘴上说说而不付诸行动，所以才走上了写作之路！所以我这是在说什么呀，这还能算"如梦如幻"？也许是直到我真正开始写作之后，它才变得"如梦如幻"起来。在那之前，翻来覆去就是一种模式——不去写，然后再因为没有写而感到内疚，接下来自我同情、自我谅解就有了"许可证"。

这是我的"缺省设置"，这对我来说是"安全的"。

但是，如果在这本书的写作过程中，我真的把写作变成了一种享受呢？当快乐成为这本书写作过程的一部分时，情况又会如何？

如果我不再感到内疚，而是感到快乐，那会如何呢？在写作过程中，怎样才能让自己感到快乐而不是内疚呢？

我将不得不放弃那些借口。我将不得不接受找时间写作是一种挑战这一现实，然后不顾挑战找到写下去的方法。

放下内疚需要自律。我想说的基本上是，如果想要快乐，我就必须选择用纪律约束自己而不是用内疚来为自己开脱。我必须选择自律而不是内疚。如果想要快乐，我就得这么做。

不然的话，我为什么不该感到内疚？或者换个说法：不然的话，为什么写书能让我感到快乐？

因为写作是上天赋予我的天赋和使命！因为写作是我工作中最核心、最有意义的元素，其他一切都是随之而来的！因为我想快乐！我想快乐！每当想到这一点，我就会真的快乐起来。我不想再与内疚"搏斗"了，我想快乐。

这里的关键是要记住。我的安全网是根植于恐惧的默认设置。

你的情况又是什么样的呢？就你的内疚清单上的那些情景而言，"幸福是一种风险，而内疚让人感到安全"这种想法是如何影响你的呢？你可能不太认可这个观点，但我希望你能考虑这个观点成立的可能性。当我们沉湎于某种感觉（内疚）较长一段时间后，即使我们声称不想这样，但愿意对自己不做改变的理由进行探究也是很重要的。我们沉湎于其中的理由往往不明显，或不合逻辑，但当看清楚导致我们踟蹰不前、深陷愧疚的原因后，我们就可以做出新的选择，这能让我们放开手脚去战胜恐惧，全身心地拥抱快乐。

接下来你要做的事情

思考一下你对以下这些重要问题的答案。

- 你有没有因为做过或没有做过某件事情，而认为自己不配拥有深层次的幸福？是什么事情？与其接受你总归不配拥有幸福的想法，不如有意识地选择幸福。尽管你有不足之处，但依然要选择幸福。你是唯一能做这个决定的人，你必须有意为之。当我们长时间地形成内疚的思维模式后，这就会成为我们的默认模式，直到我们有意识地、持续地练习新的思维模式，情况才会改变。

第 3 章
幸福是一种风险，内疚使人安全

- 你是否觉得在享受完全的平静和喜悦之前，仍然需要为过去的错误、选择或失误付出代价？如果你是这么认为的，那你此前付出代价的时间是不是已经足够长了？

- 我们的行为动机有两种：避免痛苦或拥抱快乐。沉湎于内疚能让你得到什么？不要立刻回答"什么都没得到"，静静地思考这个问题，要诚实地思考答案。

- 如果放下了内疚，你的人际关系局面将会有怎样的改变？想象一下，你的人际关系会是多么自由自在。想象一下，其中会出现什么样的欢乐与和睦。

第 4 章

女性更容易内疚

时刻提醒自己，感觉好就是真的好

Let Go of the Guilt

Stop Beating Yourself Up and

Take Back Your Joy

女性比男性感到更内疚的原因很多，其中不可小觑的是外界那些不依不饶的要求，即告诉我们应该成为什么样的人，还告诉我们应该如何成为那样的人。此外，研究表明，与男性相比，女性的情绪高潮更高，情绪低谷也更低，这意味着我们更容易察觉和感受自己的情绪。再加上女性更追求完美主义，女性彼此之间也会很严厉，尤其是对自己的女儿，这样你就有了一个用内疚来浇灭快乐的妙招。

杰茜卡的丈夫在加利福尼亚州的电影片场工作，而她则为雇主管理南加利福尼亚州附近的客户。虽然她偶尔需要短途出差，但她的丈夫为了拍摄电影一次要离开长达八个月的时间。

"我不认为我丈夫曾感到过内疚，"她说，"他从来没有因为总出差而觉得自己是一个不称职的爸爸；相反，他真心觉得他的工作对我们的家庭是一个很好的机会。"

不仅他自己感觉良好，周围的人对他的反应也与对我的反应不一样。"当我出差的时候，"杰茜卡说，"大家会一直问，'你怎么忍心离开你的孩子？这对你来说一定很难。'我只是离开几天而已，而我丈夫一走就是几个月，从来没有人问他怎么能这样，或者他是不是感到内疚。他会无奈，他会想念我们，但他从来没有内疚过。"

杰茜卡有时会觉得自己好像在受审。其他人似乎在质疑她的选择，慢慢地她也开始质疑自己的选择，她的丈夫就没有过这样的压力。

女性会因为比男性更内疚而感到内疚吗

根据《个性与个体差异》（*Journal of Personality and Individual Differences*）杂志的一项研究，女性普遍有内疚感。研究指出，这种情绪与自我批评的习惯有关。当然，"自我批评"的另一种表达方式就是"自责"。女性的确更容易自责。

习惯性内疚似乎一直伴随着女性，我们有时会仅仅因内疚而内疚。这通常是因为小事而内疚，因为有些期待和追求难以成年累月天天达到，就不免让人自责。而男人往往会对"大事"感到内疚，比如欺骗，或因做出错误选择导致了严重后果。

因此，与男性相比，女性更常感到内疚，也会因更多的原因感到内疚。为什么我们作为女性，似乎更容易与内疚感缠斗在一起？经过深入研究，我对为什么女性特别容易产生内疚感有了一些有趣的见解和总结。

女性更容易"以他人为关注对象"

心理学家指出，大多数内疚感要求女性为他人着想，所以女性形成了一种"以他人为关注对象的情绪"，这与快乐或骄傲等"以自我为中心的情绪"不同。那些认为自己与他人关系密切的人，其主要情绪是围绕他人的。这是女性比男性更突出的特点。

女性的情绪更复杂

也许这并不令人惊讶，但研究证实了这一点。情绪上的性别差异在三岁的孩子身上就已经很明显了。女性会比男性经历更高的情绪高潮和更低的情绪低谷。当我们感到快乐时，情绪会更加强烈。但当我们感到负面情绪时，比如内疚，这些情绪也更加强烈。

第 4 章
女性更容易内疚

女性往往更具同情心

研究表明，女性对"读取"他人的情绪更敏感也更擅长。在研究中，当给出假设的情况时，女性比男性表现出了对他人情感更复杂的认知和对更细微差别的掌握。这种高敏感度使女性能更加敏锐地捕捉到自己的行为对他人产生的影响。因此，女性更容易产生内疚感。

男性天生欠缺内疚感

一个西班牙心理学家团队的研究表明，男性天生欠缺内疚感。或者，换个更大度的说法是他们缺乏"人际关系敏感度"。这意味着他们不太可能因为人际关系（自己的行为如何影响他人）而产生内疚感。这与"男性不如女性富有同情心"的研究发现一致，因为内疚感通常需要同情心，男性的同情心大约从 50 岁开始才会增强。

女性更倾向于完美主义

研究表明，完美主义是大多数女性的通病。内疚感源于那些无法达成的期望和标准。当你认为你应该能够达到那些"奇怪"的标准，却最终没有达标时，就会产生内疚感。

女性的解释风格更可能是自责的

"解释风格"(explanatory style)或"思维风格"是由传奇心理学家马丁·塞利格曼(Martin Seligman)博士首创的概念。它描述了人们如何解释生活中"好事件"和"坏事件"的原因。那些把坏事件归咎于个人因素而不是外部因素的人,会对自己克服障碍的能力,以及在未来尝试相同目标并取得成功的能力感到不那么乐观。

女性更容易担心

所有年龄段的女性都比同龄男性更容易担心。研究表明,三四岁大的女孩就比同龄男孩更容易担心,中年女性相比同龄男性也是如此。那什么是担心呢?担心就是对未来的恐惧,害怕可能会出什么问题。想象最坏的情况,并在脑海中上演一遍,这会激起你对所想象的最坏结果的恐惧。担心就是反复考虑事情出错的可能性。

担心不是内疚,但对日常事情的习惯性内疚是担心的一种形式。担心自己现在没在做正确的事,现在做得还不够,自己不够好,以前做得不够……最终,无论这个"足够"如何定义,反正你是达不到的,担心的本质是担心你要付出代价——这个代价让你心生恐惧。

第 4 章
女性更容易内疚

社会对女性的期待更多

今天的女性需要面对过去几代人根本就没有体会过的众多期待，其中很大一部分来自正面的进步，例如，更多的教育机会和职业机会。这也导致了更多的选择，所以女性也更可能对自己所做过的那些选择患得患失，或者为做出了错误选择而感到内疚。尽管女性仍然是孩子和家庭的主要照顾者，但由于双职工家庭已成为常态，因此女性的一些过高期望与挣钱的压力增加是有关系的。

这种冲突会让她们产生内疚感。例如，研究表明，当我们不得不在私人时间工作时，女性比男性感到内疚的可能性要高30%——无论她们是已婚还是单身，是否有孩子，感到最内疚的人群往往是那些刚开始带娃的年轻妈妈们。

女性受文化影响而更易产生内疚感

社会鼓励女性表现友善，培育好人际关系。事实上，女性比男性更容易养成这些习惯，这可能会导致由女性负起对他人感情的责任。我们被这样的女性形象"轰炸"着：要做完美的母亲、妻子和工作者，要有完美的身体、家庭和发型。这些期待会在最不合时宜的时候急吼吼地对我们嘟囔，让我们感到内疚，影响我们的选择，给我们造成不必要的压力。

下次当你站在商店的杂志架前时，请注意一下。当然，男性杂志也会有关于提升自我的封面文章，但其重点是为自己而不是为别人来提升自我。而女性杂志的文字经常是从为他人着想的角度来写的，因为这样能让你变得更好。这种关注点上的细微差异意味着，如果你不能达到某个理想的标准，这不仅会让自己失望，也会让周围的人和你最亲近的人失望。

女性并不总能得到教会文化的支持

有宗教信仰的女性在工作场所中所承担的角色很少得到肯定。我们作为妻子和母亲的角色会受到鼓励，但很少以领导者和专业人士、员工、同事和老板的身份而受到鼓励。对我们生活的这些方面沉默不语是很显著的现象。由此可以推断出，尽管有超过三分之二的女性把大部分时间都花在了工作上，但女性的工作和领导力这样的话题却并不值得在教堂里讨论。

一个古老的问题是，男女之间的所有差异都是生理上的，还是其中也有一些是受环境影响的。女性会因为天生与男性不同而感到更内疚吗？还是我们的文化和教养也起到了同样重要的作用？答案是两者皆有。我们每个人都是不同的。也许你的内疚感更多的是受到先天特质的影响，而我的内疚感更多受成长过程中经验的影响。

为什么研究女性更容易内疚这一现象很重要

为什么研究"女性更容易内疚"是很重要的事情呢？首先，过度内疚是重度抑郁的症状之一。女性患抑郁症的风险是男性的两倍，在过去50年中，女性抑郁症患者第一次发病的平均年龄急剧下降。今天，大多数抑郁的女性第一次经历抑郁是在十几岁，而上一代人的数据是二十多岁。虽然过度内疚不会直接导致抑郁，但它是抑郁的一种症状这一事实告诉了我们一些非常重要的事情。这是消极情绪状态的结果之一。当我们的精神状态是消极的，我们就会不断地去想那些消极的事情。消极情绪虽然在某些方面很重要，但它不仅会对我们的心理和精神健康造成损害，还会对我们的身体健康造成损害。

其次，事实证明，积极情绪能让你更成功、更健康，更有可能吸引到能支持你的、有意义的机会和人际关系。感觉好就是真的好，而感觉糟糕和内疚的习惯会成为你的一种模式，因为这会让你感到安全,会让你上瘾。把内疚的想法转换成允许自己快乐、喜悦的想法,你就可以打破这种习惯。不要把内疚当成你为生活中收获的好运气偿债的一种方式。可以让自己不舒服,甚至有点畏惧之心,但仍然要拥抱生活中的快乐。时刻提醒自己,感觉好就是真的好。

拒绝内疚

当你明白自己可能仅仅因为性别而更容易内疚,并且它可能会对你的健康产生重大后果时,你可以把它当作一个警示。更重要的是要意识到那些会让你感到内疚的信息,不管其来源如何,为了你自己的幸福,你必须拒绝这些信息。正如我之前提到过的,作为女性,我们经常拿自己难以根除的内疚感开玩笑,好像我们就应该预料到它,并接受它作为生活的一部分。但我们为什么要这样做,尤其是当这样做还会造成情感和身体上的损害时?

你可以拒绝这种想法。你不需要成为那种易于内疚的女性,让虚假的内疚感和你如影随形。你要毫不客气地避免内疚感,特别是虚假的内疚感。如果你选择这样做,就将成为一束光,照亮那些仍然为不属于自身的期望和价值观所束缚的女性。

接下来你要做的事情

要注意到你那易于沉湎在虚假内疚感或负面情绪里的倾向，要有意识地寻找让自己快乐起来的理由。要始终记住这句话：感觉好就是真的好。把它贴在浴室镜上或壁橱里，甚至可以在你的手机里设置一个提醒。当虚假的内疚感开始露头，试图偷走你的快乐，让你害怕时，记住快乐是好的，你可以全心全意地拥抱快乐，而不需要道歉和虚假的内疚。

第 5 章

拥有自己的价值观

确定什么对自己很重要，不要让别人为你做决定

Let Go of the Guilt

Stop Beating Yourself Up and

Take Back Your Joy

简单地说，价值观就是生活中我们认为重要的东西。我们可以在与他人交谈时表明自己的价值观，并滔滔不绝地说出一串令人印象深刻的价值观，但对我们价值观的真正考验很容易在我们每天决定去做的事情中显露出来。

你会按照自己的价值观生活，即使你说不出自己的价值观究竟是什么。价值观是你对自己所真正信仰的东西的表达。当和你爱的人说话时，你会放下手机，看着他们的眼睛，这就是你的价值观的表达。这是在说："我珍惜和你的关系，珍惜你说的话。"当你所爱的人试图与你交谈时，你却在翻看社交媒体的动态，这也是你的价值观的表达。这就是在说："现在我在手机上看的东西比你更重要。你说的话我不在乎，我倒是非常想看看朋友们今天在社交媒体上发了些什么。"

当我们的价值观与我们的行动不一致时，内疚感就会随之而来。当你的行为与你所说的不一致时，你就要承认这样一个事实：在那一刻，你的价值观就是谎言。正是这个谎言造成了你的内疚感。

第 5 章
拥有自己的价值观

如果你所谓的价值观根本就不是你的价值观呢？如果你的这些价值观只是拾人牙慧呢？如果你接受了别人的价值观，但却从未停下来质疑自己是否认同它呢？

帕特里西娅的情况正是如此。在女儿上学的那些年，她的丈夫负责在早上帮助两个女儿收拾停当。他做得很好，也很享受，这样帕特里西娅在上班前也能多休息一会儿。除了她在和母亲谈起这件事时两人有不同意见外，这样的安排很顺当。帕特里西娅和母亲的关系非常亲密，非常尊重自己的母亲，尤其是对她作为母亲的角色更加钦佩。

她解释说："我妈妈觉得早上不应由我丈夫来照顾我们的女儿。作为母亲，这应该是我的角色和责任。"但在经历了多年的内疚感，又经过深刻反省之后，她迎来了一个简单而深刻的顿悟时刻："那是我母亲的价值观。我的价值观是我们夫妻两个应该共同抚养孩子。"

帕特里西娅花了很长时间才发现，她的期望所依托的价值观甚至不属于自己。所以，尽管她的行为与她所声称的价值观不符，但这些价值观是她选择采纳的别人的价值观。

你的价值观是什么

你的价值观会让你与之产生深刻的共鸣,你会毫不费力地被它吸引。它们不仅仅是你认为好的东西,它们也是你庆贺和衡量成功的标准。它们是你想要被人记住的东西,是你愿意为之牺牲和付出超常努力去获得的东西。

如果你只能从下面的价值观中选择最喜欢的三到五个价值观,你会选哪些呢?哪些对你来说最重要?

卓越	真诚
冒险	同情心
群体	神职
自由	耐心
美丽	掌控
幽默	勇气
生产力	风险
授权	有趣
成长	安全
创意	准备
成就	策略
教育	财富
浪漫	独立

服务	慈善
伙伴关系	目标
欢乐	公平
敏锐	正义
正直	圣洁
承诺	感情
专业性	完美
真理	好奇
成为榜样	沟通
改变/转变	爱
丰富	家庭
主动性	表达
胜利	健康
支持	健身
能量	政治意识

拥有自己的价值观意味着你将接受自己与周围的人不同这一事实。说实话，你也会慢慢发现与你有类似价值观的人并不少。

埃米莉喜欢她的工作。她有两个孩子，强烈的信仰和外向的性格使她与她所在的社区联系紧密。在芝加哥的这个教堂里，她发现周围都是和她一样的全职主妇。事实上，这是一种常态——几乎所有人都为不能整天待在孩子身边而感到内疚。当在读书会聚会和《圣经》学习会上发言时，她们往往会说起自己因此而产生的焦虑。

埃米丽并不感到内疚。"工作让我变成了更好的母亲，"她说，"我成了更好的自己，可以发挥自己的天赋，能为家人和世界做出贡献。有一个工作的妈妈，孩子们完全适应了，家里的物质条件也改善了。我没有什么可内疚的。"

"我唯一觉得内疚的是，我居然不感到内疚。当教堂里的其他妈妈谈论她们有多内疚时，我只能保持沉默。我曾经假装过理解她们的感受，但后来我为此感到内疚，因为这是在欺骗她们。"

对她周围的这些妈妈来说，感到内疚是正常现象。内疚成了一种共同体验，成了凝聚感情的纽带，但埃米丽没有这种感觉。当埃米丽决定不再假装内疚，而是诚实地说出自己的感受时，有趣的事情发生了，其他的妈妈也都振作起来了。她们很好奇埃米丽怎么会有这种感觉，因为坦率地说，她们也想要这种感觉。至少有一个和她有联系的妈妈承认有类似的感觉。

埃米丽发现，"教会里有一种文化底色，认为女人的角色就是妻子和母亲，除此之外的任何身份都不会真正被接纳"。

"即使在当今这个时代，我认为女性也会感受到压力，要去遵循那些文化上的观念。通过讲述真相，我能够在周围的女性中发动一场讨论，讨论成为一名有信仰的职业女性意味着什么。"

哪些价值观会触发你的内疚感

价值观是指导你的决策和行动的基本信念，它们形成了导致这些决定和行动的思想。你的思想不是凭空产生的，它们基于你的经历、学到的经验教训，以及环境和文化。你可以通过明确指导思想形成的价值观来评估思想的起源。

这是放下内疚过程中的一个关键部分。为什么呢？因为思想——你对自己说的话，会引发反应。反应是你的所感、所说、所做，即情感和行动。当你改变了自己的想法，就改变了反应。你可以改变内疚感。

事与愿违的想法会导致虚假内疚的感情，即使你实际上并没有做错什么，你也会体验到内疚感。在你改变这种会引发内疚感的事与愿违的想法之前，先识别出导致这些想法产生的价值观是有帮助的。这是我们很多人都会犯错误的地方。

虚假的内疚感不是由实际发生的事情引起的，而是由你对这些事情的自我解读引起的。你的自我解读是由你所信奉的价值观驱动的。你可以选择接受哪些价值观，拒绝哪些价值观。这需要意识和意图，但选择要由你做出——它能开启放下内疚的过程。

当我们坚持的价值观植根于那些不健康的、无益的、在某些情况下在精神上被误导的信念时，我们必须承认这个事实。所以，我想帮助你慢下来一会儿，来澄清那些让你感到内疚的价值观，并判断它们是不是你真正的价值观。当说到"真正的价值观"时，我的意思很简单：它们是不是最能反映你想要的快乐和自由的生活的硬道理？当你按照真正的价值观生活时，你就"拥有"了它们。你应该对它们感到理直气和——善良，但坚定。

我自己在生活中经常运用这个过程来放下内疚，我对客户也采用这个方法。我所采用的技术一方面来自阿伦·贝克（Aaron Beck）博士的研究，他以开创认知行为疗法的研究而闻名；另一方面来自我在抗逆力方面接受的训练，这是从我上研究生的时候开始的，当时我是著名的抗逆力研究者和心理学家卡伦·莱维奇（Karen Reivich）博士的学生，他是《抗逆力因素》（The Resilience Factor）一书的合著者。

自我教练可以帮你弄清楚是哪些价值观导致你产生了内疚感。为了说明这一点,让我们举一个简单的例子:每次我出差需要在外面过夜时,内心都会产生一种虚假的内疚感。这种内疚感就像一块湿毯子,闷死了出差机会带来的热情和欢乐之火。每当想到家庭,引发内疚感的那些想法就会给我造成持续的焦虑。我的想法是这样的:

- 你应该待在家里;
- 儿子还这么小,你在外面过夜是不对的;
- 你的家人比工作更重要。

你可以想象,只要有这三种苛责之声在,即便是做了一场最成功的演讲,我还是可能感到内疚,尽管我在演讲过程中鼓舞了成千上万的女性,并且离开家只有不到 24 个小时,还安排我妈妈到我家过夜,好让我儿子感觉一切如常。我对这些想法进行了层层剖析,以找到导致这些想法的价值观。我采用了强有力的问题(PQs)这一方法来进行分析。对于每一个想法,我都会提出以下这些问题进行深入挖掘,直到找到这些核心的价值观:

- 这一价值观对你意味着什么?

- 这一价值观对你而言，最糟糕的部分是什么？
- 这一价值观最困扰你的是什么地方？

当慢下来思考这些问题时，我就可以识别出我需要调整的价值观。

当试着这么做的时候，你可以先从一个内疚的想法开始，然后一次只就一个想法提出问题。我是从一个感觉最挥之不去的想法开始的，这个想法让我感觉最糟糕：儿子还这么小，你去出差并在外过夜是不对的。

以下就是这样一个过程。请注意，这不是一个完美的过程。每个问题都有多个答案，这很正常。我一次只探究一个答案——最能引起共鸣的答案。请看看吧。

"儿子才这么小，就在外出差过夜"，有什么让我难过的地方？

这意味着我儿子将有20~36个小时见不到我，这取决于我离开或到达的时间以及他在学校的课程安排。这意味着我会想他，他可能也会想我；这意味着我儿子在这段时间里没有妈妈陪伴，所以我不得不依靠别人来填补这段空白。

第 5 章
拥有自己的价值观

必须依靠别人来填补你作为母亲的位置，这对你意味着什么？其最糟糕之处是什么？

最糟糕的是，它让我感到我很自私。也许我的缺席会让他焦虑，也许这意味着我正在遭遇失败。作为一名母亲，我不够称职，因为我没有用足够的时间来履行承诺。

现在，你可能正处在抵触状态，瓦洛丽所说的"儿子还这么小"是什么意思？对于一位要在外面出差过夜的母亲来说，多小才算太小？为什么作为妈妈寸步不离地在家陪儿子就这么重要？如果没做到就是有错吗？

如果你开始质疑我所陈述的这些想法的有效性或相关性，就说明你已经有所领悟，这就是建立思想意识的意义所在。我们说的一些话是基于错误的假设，甚至是错误的信息。除非我们放慢速度，清晰表达自己的想法，否则很容易注意不到我们到底在对自己说什么，以及这会如何影响我们的内疚感。

推回：摆脱内疚感的关键

这个过程的下一部分是放下内疚的关键，我称之为"推回"（pushing back）。你的一些想法是诚实的，但不一定是事实。

就我而言，我真心觉得你应该待在家里。注意助动词"应该"，这是一个经典的会引发人的内疚感的词。还要注意这一陈述明显的模糊性。为了放下我的内疚，我必须把这个挥之不去的想法推回去。"推回"意味着要问一些问题，以帮助你判断一个想法是否正确。如果是正确的，那它在什么情况下是正确的。你可以这样提问：

- 这是真的吗？
- 由谁来定？
- 为什么说这是真的？为什么说这不是真的？
- 如果说这是真的，为什么这对我很重要？如果这不是真的，为什么说我停止相信这个"谎言"很重要？
- 如果我所说的这些不是真的，那在什么情况下，它们会成为真的？

当我推回"你应该在家"这个想法，思考其是否正确时，我的回答是:"当我有工作要做,需要离开家在外边过夜时,就不能认为这种说法是正确的。"当然,我想尽可能待在家里。在当下的人生时节,家庭生活比工作更要优先考虑,所以对得到的机会我要更审慎。这样当我定下来要出差到外面过夜时,内心就会平静,也不会有内疚的感受。

通过把一个想法推回去进行审视,我就会发现这个想法中那些符合事实的部分:我想尽可能多地待在家中。为什么呢?我想尽情享受居家时光,想多教孩子一些东西,想享受更多的乐趣,想留下更多美好的回忆。我的工作能让我履行我的天职,为家庭做出贡献,同时还能让我丈夫和我过上想要的生活。这样的生活也许看起来和你的生活不一样,但我很清楚,我是在做当下这个人生阶段该做的事情。

当思考自己写下的那些想法时,我感到一种信念在心中更加坚定了。回答这些简单而有力的问题促使我澄清自己的价值观。这些价值观一旦得到澄清,我就可以拥有它们了!我可以用一种前所未有的方式表达那些对我来说是真实的想法。

每次当要说出一个令你感到内疚的想法时,请你问自己一个简单但有力的问题:这是真的吗?如果不是,那就要纠正你自己。

就我来说，我会问自己，在什么情况下不带孩子独自在外面过夜是不妥的？让我自己也感到惊讶的是，我从来没有真正思考过这个问题。在通过回答这些问题，揭示自己的价值观之前，我甚至不能确定我是否意识到自己在思考这个问题。嗯，我想的是：如果我是在哺乳期，或者刚生完孩子，而医生建议我不要外出，那么我可能会尽量避免外出旅行。如果没有一个让我放心的人来帮我照顾儿子，我是不会接受在外边出差过夜的。对我来说，这样的人就是一位值得信任的家庭成员。但大多数时候，如果我不在，杰夫和我们的另外两个孩子（我的继女们）会在那里。说实话，当他们都在家的时候，亚历克斯甚至都不想我。如果杰夫不在家，我妈妈就会来我家过夜，这在亚历克斯看来就是盛大节日。他喜欢外婆过来。

由此，我得到了我的价值观宣言：我出差在外边过夜并没有错。我对出差后家里这摊事很用心，花了很多时间来安排，这让我能安心地在外过夜。我认为这对亚历克斯没有坏处。我需要出差是我们家需要面对的一个现实情况。在某些方面，它甚至能帮助我的儿子变得更加灵活和独立。

你们明白这是怎么回事了吧？停下来问一些关键的问题，可以帮助你进行层层剖析，看到你真正相信的是什么。否则，那些

第 5 章
拥有自己的价值观

甚至都说不上真实的自我打击的想法会让你产生内疚感，榨干你的快乐。你是否愿意建立自己的思想意识，以便你可以有意识地选择自己的价值观？

拥有自己的价值观

拥有自己的价值观是一种力量。从本质上说，你是在说："这就是我所相信的，我要按照我的信仰来生活。你和我有不同的信仰和价值观，我能理解，但我的价值观就是这样的。"

如何开始成为一个有价值观的人呢？第一步，上面我们已经开始了，就是确定你的价值观是什么。这需要一些自我反省。大多数人并不会有意识地去确认自己的价值观。不过，我们中的大多数人都是在按照自己的价值观生活，虽然没有真正说清楚它们是什么。如果我能看到你过去七天的生活记录，就能准确地告诉你，你的价值观是什么。你如何分配自己的时间就显示了什么对你来说是最重要的，你优先考虑的是什么，你做什么（不做什么）。但是，有意识地确定自己的价值观的美妙之处在于，它是一种宣言，是一种立足点，是在声明"这就是我要做的事，这就是我所相信的,因此也是我所做的"。

几年来,当帕特里西娅的母亲表示反对她和丈夫这种基于平等伙伴关系的教育子女的方式时,帕特里西娅就开始质疑起自己对女儿的奉献精神。但有一天,她终于停了下来,注意到自己对这件事的想法。此时,她意识到自己在这个领域的价值观与她母亲完全不同,而帕特里西娅对此也接受了。

当对自己认为正确的事情表明立场并拒绝为此感到内疚时,你就拥有了自己的价值观。当发现自己因为没有做那些别人觉得你该做的事而感到生气或内疚时,你就停下来检查一下自己的想法。用剥离流程来揭示你自己价值观的真相。这个过程看起来是这样的。

- **准确描述你的内疚触发点**。你会因为别人的价值观而感到内疚吗?或者会因为试图按照未必属于你的价值观生活而内疚吗?例如,帕特里西娅的母亲就对由她丈夫在早上为孩子打理停当表示不满。
- **审视你的想法**。你觉得自己做错了什么吗?你造成了什么伤害?你的思想是与自己的是非观念一致,还是与别人的是非观念一致?例如,在帕特里西娅的案例中,是非观念是"孩子，尤其是女孩子，应由母亲照顾"。但那是她母亲的是非观念，而不是帕特里西娅的。帕特里西娅的答案是："在我们家，父母双方都要亲力亲为照顾孩子，共同承担养育责任。"

- **把不真实的价值观换成真实的价值观**。就价值观而言，你放弃的不一定是一个谎言，而可能是一个对你而言不真实的价值观。你要把导致虚假内疚的价值观换成属于你自己的价值观。
- **列出你的证据**。当涉及你的价值观时，你的证据就是你要问的"为什么"和"从哪里来"这两个问题。为什么这个价值观对你这么重要？这种价值观从何而来？它与你的信仰、信念一致吗？列出你的证据，你自然就会拥有自己的价值观。

我们中很少人拥有自己的价值观。别人相信什么，我们就拿香跟拜，而非诚实、勇敢地澄清我们相信什么以及为什么相信，然后立足于这些信念去选择我们的生活方式。拥有自己的价值观是在为自己赋权，也是在解放自己。请不要错过它！

慢下来，请听好。做深呼吸，为获得清晰的思路和勇气而祈祷，然后观察那些因为能真正做自己而生出的自信。

当最终明确并拥有了自己的价值观后，你对已经做出的选择总是患得患失的问题就能解决了。这是因为你已经决定，要基于对选择背后的价值观的理解来做出自己的选择，你没有必要再让自己受审了。你可以活在自己的生活中，知道正在做的就是自己注定要做的事情。你虔诚地选择了自己的价值观，即使别人对你评头论足，或者你自己也还未能与其完全契合，你也不会再感到内疚。

接下来要做的事情

看看你的内疚清单，选择那个最挥之不去的"内疚困境"。回答以下问题。

- 是什么价值观让我感到内疚？
- 这是真的吗？
- 这是谁说的？
- 为什么说这是真的？为什么说这不是真的？
- 如果是真的，为什么它对我很重要？如果这不是真的，为什么我不接受这个谎言很重要？
- 如果当我陈述这一价值观时，它并不真实，那它在什么情况下对我来说是真实的？

第 6 章

内疚的积极意义

为什么让你感到内疚的特质也能助你成功

Let Go of the Guilt

Stop Beating Yourself Up and

Take Back Your Joy

在我对内疚感所做的所有探寻中，有一项研究发现真让我大吃一惊。我总是倾向于把内疚和负面情绪混为一谈，因此我很好奇地发现，神经科学研究表明，我们的大脑会因为内疚感而奖励我们。依据神经系统科学家、《螺旋式上升》(*Upward Spiral*)一书的作者亚历克斯·科布（Alex Korb）博士的研究，内疚情绪及与其相关的骄傲和羞愧，能激活被认为是大脑奖励中心的神经回路。因为内疚可以由小事激发，但即便是这些微不足道的小事也能激发大脑的奖励中枢，所以它能让人上瘾。这也许可以解释为什么我们喜欢听别人的忏悔。我们会想，好吧，至少我没他那么糟糕，这样我们就会感觉好一点。我们意识到自己在感到内疚这个问题上并非孤家寡人。有时候，当拿自己的糗事和缺点开玩笑时，我们甚至会陶醉其中。社交媒体上充斥着这类充满内疚感的表情包和帖子，内容涉及为人父母的悲哀、爱情上的挫折、对工作的反思和健身目标的失败。未实现目标会让人们感到惺惺相惜。"哦，原来不只是我！你也这样啊！我们这算是神奇的巧合……不是吗？"

内疚感会让你成为更好的自己

为什么内疚感会产生让人感觉良好的化学物质作为回报呢？其思考逻辑是内疚可以驱动良好的行为。它激励人们去做正确的和有道德的事，公平和善地对待他人。

如果你一直因为内疚而打击自己，那"内疚可能有积极的一面"就是一个令人愉快的信息。尽管你的内疚感有时会让你精疲力竭，但它们也可能对你的成功、你的人际关系以及你做出的正确决定有帮助。这是因为内疚除了以负面情绪折磨人之外还另有他用。最终，它会激励我们改善自己的行为，去做正确的事情，并善待他人。

人们普遍认为，成功人士之所以成功，是因为他们对自己所做的事情倾注了激情和热爱。这就是说如果你喜欢某样东西，你自然就会受其驱策并投入其中。但如果这只是问题的一小部分呢？如果我们过于相信积极情绪的激发力量而忽视了消极情绪的积极作用，那又会如何呢？

例如，内疚感对你的出勤记录所起的作用可能比你对工作的热爱之情更大。有一项研究试图确定工作满意度和工作出勤率之间的关系。这个假设是，喜欢自己工作的员工更有可能每天上班，而那些对工作不满意的员工缺勤率可能更高。这听起来很有道理，对吧？但事实证明，这种假设是错误的。宾夕法尼亚大学沃顿商学院助理教授丽贝卡·肖姆伯格（Rebecca Schaumberg）和斯坦福大学商学院组织行为学教授弗朗西斯·弗林（Francis Flynn）在《应用心理学》(Journal of Applied Psychology)杂志上发表了他们关于内疚感倾向在员工可靠性中所起作用的研究结果。他们将"内疚感倾向"定义为员工"对个人的错误行为产生负面情绪的倾向"。他们发现，那些有内疚感倾向的人无论对工作是否满意，都有较高的出勤率，而那些内疚感较少的人只有在他们喜欢自己的工作时才会有较好的表现。肖姆伯格和弗林在从客户服务呼叫中心到农业和娱乐的多个行业中都发现了类似结果。

研究人员称，这些可靠的员工的动力来自满足他人的"规范性期待"（normative expectations），而不是满足自己的直接利益。换句话说，规范会驱策有内疚感倾向的人。表达规范的另一个简单的词是期望。你可能还记得，内疚感通常是由你没有达成期望的感觉引起的——无论是你还是别人设定的期望。职场上的成功往往与坚持实现公司当前规范提出的期望有关。肖姆伯格和弗林针对有内疚感倾向的人所做的研究也显示出了其他积极的结果，

第 6 章
内疚的积极意义

包括在绩效评估中获得更高的评分,被认为更有能力的人更忠于他们工作的组织。

这些容易感到内疚的员工更有可能行善事。在接受《哈佛商业评论》(Harvard Business Review)采访时,弗林表示"他们可能也更无私。我们看到内疚倾向和利他行为之间有着密切的联系。内疚的人更愿意进行慈善捐助,并帮助有需要的同事。内疚和积极的社会行为之间有一定的联系"。

多年来,我的工作重心一直是研究和揭示成功女性的与众不同之处。我完全相信我们中有太多人过于关注成功的步骤,而对成功的思考过程关注不够。人们普遍认为如果懂得步骤,你就可以达成任何目标,但这种想法忽略了关键信息。在旅途中,你一定会遇到障碍、失望或挫折。在人生旅途中的每一步,成功者和失败者的区别在于他们对自己所说的话不同。在设定目标时会对自己说什么?当遇到疑问时,会说什么?当遭遇失败时,会说什么?当犯了错,感到尴尬,一段重要关系破裂时,他们会对自己说什么?最成功的女人不会只是遵循某些步骤,她们在面对每一个挑战和机遇时都会有不同的思考。可以假设她们的想法都是积极的,但事实并非如此。虽然在深入研究内疚之前,我从未想过这一点,但内疚在她们的成功中确实发挥了作用。

内疚感有诸多正面意义，其中之一是，对内疚感的预期会引导你的行为，让你成为一个更可靠、更成功的人。当你想放弃时（比如当你想按下闹钟，想打电话请病假的时候），它可以让你恢复自我控制。这能促使你维护雇主的目标，去为他们争取最大的利益（这可能会为你带来晋升、认可和加薪）。它能让你去为那些需要帮助的人付出（一个能带来幸福和满足的习惯）。所以，虽然内疚感似乎是一种总是偷走我们快乐的消极情绪，但如果我们辜负了别人的期望，对内疚感的预期实际上会导致我们做出符合别人期望的选择。这样的选择往往会带来积极的回报和成功。这就是内疚的积极方面，它可以引导你变得更好。例如：

- **内疚感促使你去做正确的事**。假以时日，做正确的事可以帮你建立积极的关系，实现重要目标，让你更值得信赖。
- **内疚感有助于你忠于自己的价值观**。忠于自己的价值观会让你变得平和。这也意味着你为人真实，这是获得复原力的一个必备技能。
- **内疚感是承担责任的"邀请函"**。当你错了，承认它，这是正确的态度。内疚感会促使你为自己的行为负责。
- **内疚感可以引发积极的变化**。如果你想让自己的行为与价值观保持一致，那么内疚感或对内疚感的预期能激励你采取行动去进行改变。
- **内疚感控制贪欲**。当过度的行为打破平衡时,内疚感会触发公平意识。

成功和内疚之间最吸引人的联系之一与一种特别的人格特质有关,而这种特质在非常成功的人身上很常见。

既会让你内疚又助你成功的人格特质

在心理学上,研究人员已经确定了五种常见的人格特质,通常被称为"大五人格特质"。根据研究人员的说法,人格特质"被定义为相对持久的思维、感觉和行为模式,代表着对特定环境线索以特定方式做出反应的预备状态"。这五种人格特质是:

- 开放;
- 责任心;
- 外向性;
- 神经质;
- 友善。

在所有这些特质中，有一种特质在成功人士中最为常见，即责任心。"责任心是一种倾向，倾向于有计划、有组织，以任务和目标为导向，自我控制，延迟满足，以及遵守规范和规则。"《牛津英语词典》对尽责的定义是：希望认真做好自己的工作或尽忠职守的品质。以下是定义有责任心的人的其他一些品质：

- 勤劳；
- 可靠；
- 勤勉；
- 有条理；
- 仔细；
- 尽职；
- 考虑周到；
- 缜密；
- 以成就为导向。

一个人的责任心会有哪些端倪可见呢？他们会有待办事项清单，会有计划人员提供支持，会有严格执行的日程安排，会有整理得整整齐齐的书架和衣柜，工作或上学的出勤率高，会定期去看医生，有审慎的消费习惯，这样的人就会是一个有责任心的人。这当然不是一个详尽的清单，但这里的重点是，有责任心的人倾向于采取高效的行动，考虑未来的后果，让自己能够成功地达成积极的结果。

事实上，读、听那些有助于你成长并实现目标的图书就是一种认真负责的行为。我并不是说这是你的基本人格特质，但我猜你的人格特质至少在某种程度上与之相关。毕竟，比起读一本关于如何克服人生挑战的书，你也可以把时间花在一些不需要太多注意力和动力的事情上，对吧？那些缺乏这一特质的人往往不太关心目标，而且更加懒散。

责任心与内疚

那么，这一切又与内疚有什么关系呢？有责任心的人相信他们正在很好地完成自己的工作，履行自己的职责和义务，或者至少是在朝着这个目标努力。他们的行为是负责任的：他们正在努力工作；他们正在维护规范；他们正在满足他人的期望；他们正在实践着自我控制和自我牺牲，以得到想要的未来。一个有责任心的人会认为这些行为符合美德——这些行为会带来一个精心计划的未来，并因深思熟虑和从容审慎而得到回报。

尽责的人有很多理由成功，这能给人以启发。尽责的人在行为方式上表现出秩序、勤奋、责任、控制冲动和遵守常规等特点。研究人员继续解释说，那些尽责的人"倾向于井井有条地生活，努力工作以实现目标，满足他人的期望，避免屈服于诱惑，并且比他人更能坚持生活的规范和要求"。仔细阅读最后一句话，你会注意到这些倾向有时会造成期望落空的局面。目标、诱惑、规范和规则都需要自我控制。而事实是，自制力是有限的资源。如果你一直需要它，你肯定会有用完的时候，那时就是内疚感发端之时。不过，看看这些描述，你也许能明白为什么许多领导者、明星运动员和受过高等教育的人都是些认真尽责的人。取得高水平的成功需要计划、毅力和自制力，而这些都是以责任心为标志的。

如果内疚感来自未能达成期望，而负责任的结果是达成或超过期望，那么尽责的人似乎不会有内疚感，内心充满喜悦，是这样吗？他们尽职尽责，做事彻底，这与他们的价值观是一致的，这让人感觉很好。因此，与其他人格特质相比，他们的内疚感似乎应该更少，而不是更多。

也许是因为负责任会让一个人坚持规范，努力取得成功，不辜负他人的期望，所以他们最终会经历更多的失败。人们很难做到一以贯之地负责任。当做不到负责任时，他们就会觉得自己做错了什么，这会导致内疚。原因如下。

- "规范"是指用以判断什么可以接受的基本规则。它们是由有责任心的人已经决定接受的价值观所驱动的期望。记住，内疚感是建立在你的价值观和从这些价值观中产生的期望之上的。坚持规范是一种由内疚感驱动的行为，因为一个有责任心的人会认为规范是应该遵守的正确的东西。

- 不辜负别人的期望是一个以他人为中心的目标。正如我之前提到的，内疚是一种以他人为中心的情绪。当我们觉得自己造成了伤害时，它就会随之而来。因为没有达成他人的期望而让他们失望，当我们觉得这样做已经造成了伤害时，就会产生内疚感。

- 因为我们是凡人，所以不完美是不可避免的。当一个有责任心的人力有不逮时，他们就会觉得自己做错了什么。他们会认为，如果自己更细心、更周到、更有自控力，也许就不会把事情搞砸了。无法完美地维持如此高的标准会导致更深的内疚感，对有责任心的个人来说，尤其还会导致虚假的内疚感。

以卡拉为例。在参加了我们的教练培训项目后，她最近开办了一家人际关系教练公司。卡拉是一个非常认真的人，她非常勤勉地按照在我们项目中学习到的业务发展计划去做事。她小心地挤出时间来发展这一副业，以免影响自己在本职工作上的表现。她所做的一切都是她在专业培训中所学到的——她清楚自己的目标受众，勤奋地学习技能，并开始谨慎地营销，以避免本职工作雇主的任何质疑。作为一名教练，她的工作与她作为一名公司培训师的全职工作无关，但她不想让人觉得她没有全身心地投入到本职工作中，或者失去了工作重心。在过去的六个月里，她总共接了四个每周上一次课的客户，在周二晚上和周六上午辅导他们。事情进展顺利，她有时希望业务能发展得更快一些，最终她还是想辞职出来去创业，想全身心地为自己工作。

她在社交媒体上关注了许多教练，被他们的成功深深地打动，但上周她浏览了自己的社交媒体动态后，最终感到深受打击。看过其中一些教练正在做的事情，以及他们的生意如何在短时间内取得成功后，她被内疚感压倒了：

如果我的时间规划得更合理一些，也许我的业务会发展得更好。之前我每周在这个业务上只花了大约八个小时，其实我本可以做得更多些。也许我还是没有足够认真地对待这件事，我还是不够努力。

当翻阅自己尚未实施的营销活动和创意想法清单时，她的内疚感越来越强烈。她创业仅仅六个月，为此内疚根本没有必要。但出于自我责任感，她给自己的工作计划设定了很高的目标，可在现有时间里，她几乎不可能达成这些工作目标。

对正确的事情尽职尽责

虽然责任心能促使人们去有效地承担责任、履行义务，但这也可能导致人们对错误的事情过于上心。例如，规范都是一些主观的东西，它们代表着一系列价值观，但这是谁的价值观呢？你的家庭可能有不正常的规范，可当你不遵守这些规范时，你也会感到内疚。同样，你可能会在一个你不认同其价值观的组织中工作，你可能还是会去遵守这些价值观，因为这些准则是已经公开宣布的，并且遵守它会得到奖励。当不遵守这些准则时，你会发现自己会为此感到内疚和纠结——当遵守这些准则时，你同样会感到内疚和纠结。

你不能一味地遵守规范，你需要认真考虑哪些规范是真的好，真的正确。这就是说，你需要采取一定的方法来重置和调整自己的行为,以消除虚假的内疚。你必须根据你的价值观有意识地选择自己的准则。当拥有了这些价值观时,你就能放下内疚。

与其试图满足由雇主、文化或整个社会所确定的其他期望或规范,不如搞清楚究竟哪些期望是应该满足的。什么是终极性的正确?是标准越高越好吗?你的规范是什么?你得把它们弄清楚。

那些适合别人的规范未必适合你。然而,当因遵循了家庭、文化或公司的价值观而获得奖励后,你可能很难搞清楚,并真正拥有自己的价值观。

远离不符合价值观的事情

安妮塔已在一家经营额数百万美元的媒体公司当了几年广告销售总监,她的老板有一天告诉她,公司将在几个月后出售给一家行业领先企业。公司希望在接下来的几个季度,客户的广告委托量还能继续上升,但不想让客户发现公司股权出售这一情况。问题是,随着公司的广告位售出,整个广告推广模式将会改变,这意味着目标受众也会改变。许多客户如果知道即将到来的股权转让,就会重新考虑它们的广告投放。毕竟,它们是在向特定的受众做广告。安妮塔和她的销售团队会继续宣传，就好像什么都不会改变一样。安妮塔很有责任心，为公司赚了几百万美元，但她觉得有些内疚。

"我认为这些客户中有许多是我的朋友，"她回忆道，"我以前和他们一起工作过，他们信任我。假装我不知道这桩买卖，在明知他们买不到自己想要的东西的情况下还让他们花冤枉钱，这事做得不对。"但她团队中的大多数人都默认这种做法。摆在安妮塔面前的有两个选择——为了销售业绩对她的客户撒谎，或者辞职。她选择了后者。

从本质上说，安妮塔知道自己如果对客户撒谎将会产生内疚感，这让她没有违背自己的价值观。安妮塔知道她的价值观是什么，为了自己的利益而误导别人，以牺牲他人为代价来操纵局势，这是不合适的。尽管如此，但这些都是她的雇主的规则和期望。

其他同事留了下来，选择接受公司的规范和期望。"我不知道他们是否会对说谎感到内疚。但一旦公司被收购，他们还是会丢掉工作，"她回忆道，"新老板需要新人。事情总是这样的。"

安妮塔的困境正是一个拥有自己价值观的机会，即使这意味着她要放弃工作。作为一位有良知的尽职尽责的领导者，她很快就在另一家公司找到了一个新职位，做着她喜欢的类似工作。

责任心不是答案，良知才是

如果你有责任心，人们就会信任你，相信你会始终如一地承担起某些职责。如果你受到良知的指引，人们就会信赖你，相信你会坚持做"正确"的事情。你的良知会使你的责任心真正强大起来。这种结合会带来真正的成功。拥有自己价值观的女性既有责任心又有良知。

从良知的角度来看，内疚或对内疚的预期是一种礼物。它让你能够将自己的价值观和信念与你的行动协调起来。这样做是有必要的，特别是当你的伦理和道德可能受到质疑的时候。当责任心是指把事情做好并达成期望，而这些期望是不道德的，责任心就不再是答案了，而良知才是。

没有良知的责任心是危险的。在社会层面，它造成了一些历史上最严重的不公正和暴行，大屠杀就是这样发生的，种族隔离和种族隔离制度就是因此而维持的。就个人而言，这也是有害的。你不想仅仅是出于责任感行事，你想有一个目标。你的责任心必须受到更高的权威指导。你的良知就是你的道德指南针、你的向导。

事实上，因为内疚心理而纠结并不是消极的人格特质。这说明你是有良知的，并且你的良知在很好地把控着你。我想帮助你区分好的内疚（促使你变得更好并有助于你的人际关系的内疚）和虚假的内疚（歪曲叙事），让你在无须内疚的时候感到内疚。因此，接下来，我会将更多的"工具"放进你的"工具箱"，从而帮助你更好地驾驭内疚感，找回你的快乐。

接下来你要做的事情

在生活中，要承认内疚自有其好处。你想要做对的事，这当然是一种力量。本书的目的是防止你过度使用这种力量，以免在没必要的时候也感到内疚。列出你对这个问题的答案：无论是在人际关系、工作、财务、健康方面还是在精神生活中，你的责任心和良心在哪些方面对你的成功起到了积极作用？

第 7 章

重新设定你的期望

建立快乐心态，不要让自己陷入内疚

Let Go of the Guilt

Stop Beating Yourself Up and

Take Back Your Joy

也许内疚感加强的原因之一就是期望值的提升。随着信息变得更加丰富，我们对于在生活中"应该"做什么有了更多的可供比较的点。直到20世纪90年代，如果想得到信息，你还必须去主动寻找。而在今天，信息会被推送给我们。事实上，你在网上对某个主题的东西读得越多，有关该主题的文章也就越多。人们很容易对所谓的完美变得高度敏感，而这可能会成为你对生活"应该"是什么样子的一种期望。

"应该"这个词是因期望而导致内疚的一个标志。当你在日常对话中用到这个词时要注意一下。那些感到内疚的人经常在开始说话时说出"我应该……"或"我本应该已经……"这样的话。"我"和"应该"这两个词联系在一起是有意义的，因为对"应该"这个词的描述是"用来表示义务、责任或正确性，尤其是在批评某人的行为时"。当然，内疚就是指没有履行好义务和责任，做错了事情。你发现自己在用"应该"这个词时，要考虑能不能把它换成"能够"。"能够"可以传达信息，同时还认可你的选择。"我可以"和"我本来可以"说的不是义务，而是选择。所以，"我本应该多做一些"就变成了"我本可以多做一些","我本该去这个我不想去的邻居家的派对"变成了"我本可以去这个我不想去的邻居家的派对"。你语言上的变化会导致思想上的变化。

放下错置的期望

没有期望就不会内疚,所以没有比调整自我期望能更快地消除你的内疚感的方法了。要做到这一点,你必须首先集中注意力。这意味着放慢速度,在显微镜下审视你的期望。有时候,我们的期望非常模糊,以至于我们总觉得自己做得不够。另一些时候,我们的期望甚至不是我们自己的;相反,它们是与我们的价值观不符的规则和规范。有时候我们的期望已经过时了。在我们生命的某一个时期,它们是有意义的,但在今天,就我们当下的愿景和责任而言,它们没有意义。

要想放下内疚感,需要自我关怀(self-compassion)。我们必须放下那些与我们的身份和位置不符的期望,有意识地重新设定我们的期望,以反映我们渴求的快乐和目的。不要因为没有达成错误的期望而责备自己,而是要善待自己,因为自己为达成这些期望努力过了，然后深呼吸。要点来了。要确认这些期望对你来说是否正确。

我们已经花了偌大的篇幅来讨论如何让你从那些会导致内疚感的想法中清醒过来，然后有意识地选择新的想法。这些新的想法能催生新的感觉。大多数人不会这样关注自己的想法，他们只是任由某种涌上心头的想法来左右自己。但是要想过上自由而快乐的生活，思想意识不能是一个选项。这必须是一种日常习惯。

期望是你对自己应该在做什么的一种想法。期望是你和自己达成的关于你要做什么和不做什么的协议。为了克服内疚感，你必须有目的、有意识地设定对自己的期望。如果不这样做，你就很可能会让自己陷入内疚，甚至都没有意识到你在做什么。在这一章中，我们来谈谈五种会让你陷入内疚的期望，以及如何发现它们。然后，你将学会如何重新设定自己的期望，以便过上清晰、平静而快乐的生活。

期望不同于价值观之处在于，价值观解决的是什么对你最重要的问题——你认为什么最重要。期望是你认为自己应该做或不该做的事情，是由这些价值观决定的。因此，如果你的价值观之一是自由，那你可能会期望自己在支出方面要保守，或者在挣钱方面要进取，因为你相信这样做就会实现财务自由。如果创造性是你追求的价值观之一，那么你可能期望你的孩子的生日派对应该有主题、有计划，能表达他们的独特个性。或者你会认为你工作上用的演示文稿永远不应该使用千篇一律的模板，而应该有一个特别的、令人难忘的设计，你应该花费更多的时间和精力来对演示内容进行整理归纳。

模糊的期望

也许最让人纠缠不清、难以捉摸的期望就是模糊的期望。例如，你应该做得更多一些。好吧，多少才算是多呢？你到底应该"做"什么？如果没有详细说明，你永远不知道自己什么时候才算做得足够多。模糊的期望会让你陷于内疚，因为你无法真正衡量自己是否达成了期望。而且如果苛求自己，你永远都不会觉得自己已经做得足够多了。

埃丽卡出现在教练课上时，正自责得厉害。她的内疚清单很长，在这份清单上排在最前面的两件事是没有花足够的时间来陪伴两位正处于脆弱时期的亲人。

她解释说:"我觉得很内疚,因为我和我哥哥住在不同的城市,而且很少见到他。"她哥哥20多岁时因一次事故残疾了,虽然可以独立生活,但仍然面临许多困难。埃丽卡在母亲去世前向她承诺,自己会一直确保哥哥得到照顾,虽然她做到了,但她觉得没有达成自己想要实现的那种期望。

"我确保他在经济上有保障,并且每天都会和他通几次电话,其他家庭成员每周都会去看他好几次,"她接着说,"但我毕竟不住在那里,而让他搬到我的城市对他来说困难太大了。这会是生活上的巨变。"

"你认为你的母亲会失望吗?"我问。

埃丽卡停顿了一下,叹了口气:"嗯,虽然我已经在照顾他了,但我想母亲应该希望我住得离他更近一些。"虽然她对此有长期规划,但至少从经济方面考虑她还是不能离开目前居住的城市。因此,她只好一有时间就回去看望哥哥。

让她感到内疚的还不只是她哥哥的状况。她的姑妈年老有病,埃丽卡已经快一年没见她了。"去看她要开五个小时的车,我们最近实在太忙了。我丈夫经常出差,要想找个周末一起开车去看她几乎不可能,"她解释道,"但我对此感到很内疚。她是我唯一一个在世的姑妈,我父母那代人就剩她一个亲人了。她住在一家养老院里。我只是想让她感受到我的爱,知道我在乎她。"

当我听埃丽卡谈论她的内疚时,我有两个目标:(1)帮她澄清自己正在经历的是真正的内疚还是虚假的内疚;(2)帮助她放下内疚,在这些对她弥足珍贵的亲情关系中,采取能带来快乐感受的行动。

要做到这一点,我们需要剥离那些让埃丽卡每天自责不已的重重期望。这并不总是一种有意识的责备,而是一种挥之不去的悲伤的想法:她让已故的母亲失望了,让哥哥失望了,忽视了亲爱的姑妈。虽然她没有把自己的想法具体地称为"期望",但这些确实是期望。这种期望是如此严峻,以至于她即使花了时间和哥哥在一起,或者给姑妈打了电话,也仍然有种难以释怀的感觉,觉得自己做得还不够。

我指导埃丽卡的过程是一个通用性的过程,我们所有人都可以用来对那些会导致人难以放下内疚的思想和情感进行抽丝剥茧的分析。这个过程表明,她的想法是以她那些尚未审视和阐明的期望为中心的。它们看起来是这样的：

> 我：用一句话说，你究竟为什么内疚？
>
> 埃丽卡：我没有按照承诺，多花时间和哥哥在一起。姑妈年老后，我也没在她身边尽心侍奉。
>
> 我：好吧，让我们从你的第一个自我指责开始，"没有陪在哥哥身边"，你如何定义"在身边"？
>
> 埃丽卡：比如我可以每隔一段时间给他做顿家常菜。这是我去看他时他提的要求。他从来没吃过家里现做的饭菜，我当时听了很难受。
>
> 我：你认为多久给他做一顿饭才算对哥哥尽到了心意？

我想在这里停顿一下，指出我为什么要问这些问题。我们在感到内疚的时候，很容易在没有给出定义的情况下说自己没有达成期望。在这种情况下，埃丽卡感到内疚，因为她没有拿出足够多的时间陪在哥哥身边。多年来，她经常重复这句话，不仅在教练课程中张口就说，而且对朋友和家人也这样说。更有害的是，她几乎每天都对自己这样说。然而，当我问她多久去看哥哥一次才能达成自己的期望时，她说她从没问过自己这个问题。

我们会经常这样折腾自己吗？我们设定了一个没有明确定义

第 7 章
重新设定你的期望

或界限的期望（比如，我应该为我的孩子多做一些事，要花更多的时间陪陪家人，要更努力地工作，要拿出更多的时间锻炼等），然后因为没有达到目标而责备自己。但是，如果没有一个可量化的目标，你什么时候才算做得足够多呢？答案是，你不知道。你永远都做得还不够，你总是可以再多做一些。所以，我们应该对这个问题进行抽丝剥茧的分析。

准确描述你的内疚触发点

我把这称作你的"内疚陈述"，即用一句话来描述你的内疚触发点以及导致内疚感的原因。在埃丽卡的案例中，她的内疚陈述是："我感到内疚，因为我没有像承诺的那样陪在哥哥身边。姑妈老了，我也没在她身边尽孝。"

将内疚触发点范围缩小，一次只解决一个点。埃丽卡识别出两个自己为此感到内疚的问题，但我们一次只能解决一件事。因此，我们帮她缩小了范围。当专注于一个特定的想法时，你就可以精确地描述自己对它的感觉。你如果试图同时面对多个内疚困境，就会发现自己难以从此脱身。你会发现自己这样说不过是泛泛而谈，而泛泛陈述的东西不是你能够成功瞄准的目标。

审视你的想法（定义期望）

"你如何定义'在那里'？"我问埃丽卡。这个问题至关重要。"在那里"是模糊的，我们都有不同的定义。埃丽卡似乎把"在那里"定义成了"为他做饭"，但她没有具体说明多久去做一次饭。我接着问："你认为多久给他做一顿饭，才是'在哥哥那里'的时间足够多了？"这里的目标是尽可能具体地了解你的期望，因为正是根据期望才能判断你是成功还是失败，是会感到喜悦还是感到内疚。

让我们看看她是如何回答这个问题的。

埃丽卡：我希望自己可以每三个月去一次，每次待三天，连上周末。

我：好，所以如果能每三个月去看他一次，在家里为他做饭，你就会觉得陪他足够多了，是吗？

埃丽卡：是的，这样我会感觉很好。

我：你现在多久看他一次？

埃丽卡：嗯，让我想想。他的生日、圣诞节、感恩节、我儿子的生日，另外还去过两次。一共去了六次，但不全是专程探望。

我：所以一共去了六次？你在那里给他做饭了吗？

埃丽卡：不是每次都做，有两次没做饭。

我：也就是说去年有四次探望，你为他做了饭？

埃丽卡：是的。

我：所以说，按平均数看，你去探望和给他做饭的次数已经达到了你所说的能让自己感觉陪伴他的时间足够长的标准。那还有什么缺失让你感到内疚呢？

埃丽卡：（停了一小会）你可能明白，我想这可能是因为我没有对未来探望做时间规划。我觉得自己总是这么忙。

把虚言换成实话

如你所见，埃丽卡的内疚是虚假的内疚。她并没有真正做错什么，但她"觉得"自己做错了什么。在澄清她对"足够"的定义时，我能够让她明白，她拜访的次数已经超出了她自设的期望。但既然她一直说自己很忙，我在此也要抽丝剥茧地为她分析明白，让她对未来的探望做出承诺，制订去探望哥哥的计划就能让他感到快乐和心安。

最近几个月，她回家参加了哥哥的生日、她一个成年孩子的订婚派对，还有她丈夫的家庭聚会活动。她休了为期一周的假期，因公出差两次。她打算几个月后再回来度一次假。她常在哥哥家做饭并举办节日晚宴，其他亲戚也会来。

> 我：你现在一个月有几周会在家过周末？
>
> 埃丽卡：这个月只有一次。我希望可以有两次。
>
> 我：是就期望两次，还是只好如此？
>
> 埃丽卡：只好如此吧。
>
> 我：那你想要在家过几个周末？
>
> 埃丽卡：三次就再好不过了。
>
> 我：好，那你就把目标定为三次如何？这样你每年就有13个周末可以去旅行了。这样的话，来年你准备看望哥哥几次，看望姑妈几次呢？

列出你的证据

你可能已经注意到，在我们教练谈话中的"审视你的想法"和"把虚言换成实话"阶段，埃丽卡列出的证据表明，她已经探访过哥哥六次，并为他煮了四次饭，已经达到了我询问她的期望时，她对期望的明确定义，然后她制订了一个具体的改进计划。所有这些都与剥离流程中的"列出你的证据"这一阶段相符合。如果你发现自己在指导下，通过剥离流程来确定和阐明期望，而这个过程并未按照完美顺序进行，那也没关系。重要的是，你要经历这个过程的每一个步骤。

我的目标是帮助埃丽卡明确她的期望，让她对自己想为所爱的人做的一切感到高兴。虽然我们还没有开始谈论她因为没有多陪姑妈而产生的内疚感，但我知道这是她的一部分愿景，既然她已经明确了陪伴她哥哥的目标，我就把她陪伴姑妈的问题也纳入进来。

埃丽卡在教练结束时说，她觉得好像压在自己肩上的重担没有了。她还计划拿出14个周末外出，包括与丈夫一起旅行，与闺蜜一起旅行，过生日，以及陪伴哥哥、姑妈和其他家人。

我还问了她为"陪伴"哥哥和姑妈而做的其他事情。这张清单相当长。例如，她会检查她哥哥的账单是否已付清，每天会和他交谈好几次，会敦促他的成年子女定期来看他，并且对他的生日和节假日也非常重视。她仍然计划让哥哥最终搬过来，我们的教练促使她和丈夫开始对何时搬过来这个问题进行讨论，即使这要等到五年以后才可能实现。在姑妈这边，埃丽卡为她操办了一个盛大的80岁生日派对，和她一起度过了生命最后几年的每个生日，每个月都会寄给她一个爱心包裹，每个月至少给她打两次电话。当住得离她更近后,埃丽卡经常去看望她,埃丽卡的孩子和这位姑婆也熟了起来,对她有了美好的回忆。"毫无疑问,我尊重她,她知道我爱她,即使我不经常在那里。"埃丽卡承认。

埃丽卡的内疚感来自她似乎从未达成的模糊期望。她的内疚陈述是很难辩驳的:"没有多陪伴我哥哥。""没有对已经步入老年的姑妈多尽孝心。"通过给"多陪伴"下定义,她突然发现自己实际上已经达成了期望,但因为没有明确定义,应该"多陪伴"的想法让她不知所措。做事情当然总是多多益善。对什么时候算是做到了"更多"设定一个明确的期望,这是消除内疚感的关键。

过时的期望

随着环境的变化,你必须重新评估你的期望。当然,大多数人不会对自己说,我正在进入一个新的人生阶段,我需要坐下来重新评估我的期望。但那些这样做了的人确实能获得显著优势。

当你的生活以某种方式改变了,你要尝试花点时间去审视自己的期望,并在必要时进行重新设置。无论这种生活变化是换新

第 7 章
重新设定你的期望

工作、婚姻状况改变、财务状况变化、身体健康变化、搬家，还是其他任何改变你生活日常运行的事情，如果你在新的阶段还维持旧的期望，那你就是在为产生内疚感做准备。即使是精神和情感成长方面发生了变化，你也应该暂停一下。你通过研读本书，了解了一些概念，得到了一些指导，你已经意识到了自己观点的转变，这就需要回顾一下你从前认可的那些期望。

原来可行的期望现在未必可行，这是一件好事。当试图满足过时的期望时，你就会阻碍满足当前的新期望的能力。你可能会因为没有达成期望而感到内疚，其实这些期望在新的时期已经不再合适，甚至已经无法达成了。

例如，有父母承诺在孩子从学校毕业到找到工作并实现自立的过渡期间，在经济上帮助他。如果没有预定一个时限的话，双方都会发现自己处在一个令人困惑的境地。父母原本打算提供 6 到 12 个月的经济援助，结果援助期却变成了 3 年，并且看不到尽头，这让父母对切断援助的想法感到内疚。父母的预期是为孩子支付某个时期内的某些费用，而那个时期已经结束了。通过重新设定期望，父母就能从已经不再合适的义务中解脱出来，成年的孩子也能自由地站起来，实现独立自主，这对每个人都好。即使你一开始没有表明你的意图，现在也可以这样做。

在父母与孩子的关系中，过时的期望很容易发生，因为随着孩子年龄的增长和心智的成熟，他们的能力和肩负的责任会发生变化。

这种现象也发生在其他领域，听从惯性，接着做你一直在做的事情很容易。也许你的新工作需要更长的通勤时间或更严格的日程安排，但你会感到内疚，因为你不能再做某些过去常做的事情了。现在你会因为不能经常和朋友聚在一起，或者没有达成自己对做家务的原有期望而自责。但如果你停下来，重新审视自己的期望，你就会意识到如果要放下内疚感，重新获得快乐，可能就要重新设定自己的期望。

不平衡的期望

当你的自我期望高于对他人的期望时，就会出现期望不平衡的现象。当你觉得自己必须以不平衡的承担责任的方式，来回报你的好运或你认为自己欠下的债务时，这种情况经常发生。例如，我的工作经常需要我去出差——有时我要在周末的会议上发言，这样我就需要找到安静的独处时间准备会议的发言材料，比如凌

第 7 章
重新设定你的期望

晨四点或晚上大家都上床睡觉后。这意味着当团队其他成员都在工作时，我却可能在休息。我在休息时，却期望他们按正常办公时间工作，感觉有点不公平。这些都是充满内疚感的想法。我经常会任由这些想法控制自己的行动，这意味着我会出于公平感来办公室上班，而不是理所当然地去做必要的休整。我的期望是不平衡的。我必须通过审视表面状况背后的真相来重置这种不合理的期望。

作为创意提供者和企业的负责人，我的角色和责任水平与团队其他成员不同。对我的期望不是用"干了多长时间"或"哪个时间、哪一天在工作"来衡量的。它是通过我所创作的内容的质量和影响力，以及公司所运营的教练课程的焦点是否清晰、是否有趣，以及品质是否优秀来衡量的。我运用剥离流程来重新设定自己在这方面的期望。首先，我确认了自己的内疚感，那就是我选择在上班时间休息是不对的。然后，我审视了这个想法——我不应该在上班时间休息。接下来，我把这一虚言换成了实话：作为所有者/作者/演讲者/内容创造者，我不需要去遵守对普通员工的办公时间要求。我的义务是完成自己的目标，成功地经营企业，无论这要花多少时间。其他人的责任和义务无须达到这个水准。把办公时间视为神圣不可侵犯的，而不考虑我在非办公时间里付出的心血,这完全是不平衡的。我觉得我之前的想法是我在其他公司短期工作时形成的一种既定的期望模式。当我从雇员变身为企业主后,我在新形势下还守着这样一种过时的期望,从而导致了不平衡,让我感到内疚。

不平衡的期望也会出现在那些有"过度负责"倾向的人身上。过度负责的人总想越俎代庖;随着时间的推移,这种习惯会变成一种不平衡的期望。其结果是,如果不坚持下去,那么你最终会感到内疚。有时候你只是出于担忧而过度负责:他们做不对的,所以还是我帮他们做吧;或者是出于自我利益:我想让蒂米上一所好大学,因为这能证明我是成功的家长,所以我打算盯着他的作业,在他忘记做作业或迟交作业时,我要给他的老师发邮件,给他争取额外的做作业的时间。但在很多时候,过度负责源于错误的期望,当面临会影响自己的挑战时,这会让你变得诚惶诚恐。

完美的期望

"编程女生"的创始人拉什玛·萨贾尼(Reshma Saujani)在她著名的 TED 演讲中说:"我们的文化教育男孩要勇敢,女孩要

第7章
重新设定你的期望

完美。"这在很大程度上是正确的。完美主义在很大程度上是女性的问题，这与我们的社交方式有关。我们看起来应该漂亮，应该整洁，我们应该找一个童话般的丈夫，应该养育有教养的孩子。我们应该有完美的家和家居装饰，有完美的食物和完美的身材。这些是我们一遍又一遍收到的信息，难怪我们有这么多的焦虑和压力。即使我们不想这样做，也很容易将这些外界期望内化成为自我期望。

从文化上讲，追求完美是有回报的：爱慕、赞扬、认可和接受，而不是排斥。但是放下内疚意味着放弃某些期望。这是一种风险，一种不被接受或不被拥抱的风险，也是不完美的风险。如果完美保证了认可和接受，那你就很难放弃。问题是，谁的接受对你来说才重要呢？

最有害的期望之一是自我强加的完美主义期望。其表现是戒备心、比较和针对自己的严厉措辞。你会因为察觉到不完美而痛责自己，但如果以为别人可能也会注意到这些不完美，那么你的反应就是防御性的。你既然已经在自责了，那么就不需要别人指出你的缺点了。但问题是，当你感到被批评时，别人其实并不是在批评你，只是你这样解读罢了，因为你对自己始终无法达成自我强加的完美期望而感到沮丧。

我非常了解这一点，因为我有亲身经历。这是我在研究内疚时发现并克服的问题之一。对我来说，这就是戒备心。一位好朋友问我，为什么我会对她问我的一些问题有戒备心（没有比一位好朋友为你指出问题更好的事情了）。她的问题一开始让我很困惑，因为我觉得我有戒备心的理由很明显。她正试着帮我找寻推进项目的最佳方法，她不是直接给我建议，而是一直问我一些我回答不出的问题。她每问一个问题都等于提醒我，还有那么多我觉得自己应该知道但却并不知道的东西。难道她不知道我不知道吗？为什么她还要通过问我这样一些我无法回答的问题来强调这一点？我觉得自己露怯了，内心充满了失败和无能的感觉。这可真残酷。

其实她的目的恰恰相反，她是想让我思考一些可能的答案，而不是因为不知道答案而感到内疚。就在那时，我决定审视自己的想法。是哪些自我强加的期望造成了我的这种内疚感？是完美主义。我们正在讨论一些与我的工作有关的事情，我的期望是能知道所有问题的答案。我有一个固定型思维，但甚至连自己都没有意识到。这种固定型思维认为，一个人的智力、天赋和能力是固定的、不可改变的，难以通过努力来提高，某种特质你有就是有，没有就是没有。

第 7 章
重新设定你的期望

当承认了自己的戒备心理之后，我发现了关于自身的一些东西：我对自己有一种期望，这会让我感到内疚。我需要变得完美，才能被人接受，而我对完美的定义之一就是，对工作上的问题，我要知道答案。当我不知道某个问题的答案时，就意味着我做错了什么事——我不够努力，因此不值得拥有自己现在所拥有的机会。

如果我认为自己应该知道一切，那么当不知道某件事情的时候，我就会感到内疚。当我的朋友问了一个我无法回答的问题时，就像是把那些我做错了并且已经为之自责的事情放在明处：我不知道，因为我没有花时间去搞清楚它。我不知道，因为我很懒！我还不够努力。我需要更集中精力。

当使用剥离流程来审视自己的想法时，我对出现的情况感到非常震惊。对我来说，戒备心理对我是个提示，但请记住，比较和严厉的言辞同样是。这里还有一个例子。

在回家的路上，索菲亚从她最喜欢的小纸杯蛋糕店买了一个美味的草莓纸杯蛋糕，蛋糕上的草莓奶油糖霜堆成一团，索菲亚闻了闻，幸福地闭上了眼睛。在品尝最喜欢的美味之前，她习惯于先享受那甜甜的味道。她坐在车里慢慢地吃着，光滑的奶油糖霜，湿润的蛋糕坯，二者混合的味道和质地让她的味蕾陶醉了。

在紧张了一天之后,这是一个令人垂涎的快乐时刻。

但就在咽下最后一口蛋糕的时候,她的胃里感到一阵剧痛。这不是因为吃了糖而痉挛,而是因为她的情绪——对自己感到失望,紧接着就是内疚,因为这与她说过的这周要做的事情背道而驰:为了努力吃得更健康一点,不能吃甜食。她消极的自我对话就是自责:

> 我向自己保证,这周我终于要开始健康饮食了。可你看看我:坐在车里狼吞虎咽地吃了一个含有500卡热量的纸杯蛋糕;我居然会这样干,因为这样就没人知道我在"偷吃"了。我只是想在忙碌的一天后得到一点快乐。可为什么我不能像我的同事健身达人安吉拉那样通过锻炼来减压呢?为什么我就不能像我姐姐那样更自律一点呢?唉!

索菲亚沮丧地低下头,叹了口气:我估计下周可以开始健康饮食计划。她这样对自己说,但心中并没那么自信。

对比和对自己的严厉措辞说明索菲亚对自己有着完美主义期望。当开始写本书的时候,我认为引发内疚的最大元凶应该是子女养育、工作,以及由亲密朋友或家庭成员挖的内疚之坑。但让

第 7 章
重新设定你的期望

我惊讶的是,通过对数百名女性的调查,我发现虽然这些生活领域确实会造成很多内疚感,但在饮食习惯方面的内疚感却高居榜首(其次是在锻炼习惯方面)。

因为吃东西是你每天都要做很多次的事情,所以你很可能会因此感到内疚。也许你从来没有想过这是一种内疚感,或者从来没有想过脑海中吃还是不吃的对话是如何影响你的快乐情绪的,但它确实可以。事情是这样的:我们被大量关于应该吃什么和不应该吃什么的信息轰炸着。这会加剧问题,尤其是当你有完美主义倾向时。你可能会有一个连着智能手表的称,它能告诉你体重是多少,走了多少步,还会建议你把吃下的所有东西的信息都输入到健身应用程序中。这有利于你设定目标并坚持下去,也便于你看到自己的不足究竟在哪里。

当你决定放松一下,找机会享受一顿美食时,你就能化解内疚。根据盖洛普的研究,改善饮食习惯最好的方法之一就是遵循这样一个非常简单的规则:更多地选择健康食物,少吃垃圾食物。如果食物会触发你的内疚感,那就把"多吃健康食物,拒绝垃圾食物"作为你的唯一期望,情况会如何呢?这将如何改变你的感受?

别人的期望

期望是你和自己达成的关于你要做什么或不做什么的协议，但它通常始于别人希望你达成的协议。有时候，别人想要的不是你想要的，或者根本就不可行。然而，忧虑，尤其是对表达不赞同的忧虑，会让你背负起别人期望的负担，以此来避免与他人不舒服的对话或直率地拒绝他人。

当我们没有花时间去弄清楚对自己的期望时，通常就会盲目地去满足别人的期望。"他人"可以是像你的父母或孩子这样的亲近之人，也可以是关系很远的模糊的"他们"，对这样的人你甚至无法准确地说出其姓甚名谁，但知道他们对你应该如何生活有着自己的观点和期望。在当今世界，"他人"还可以包括我们从社交媒体和传统媒体、名人、精神以及政治影响者那里获得的信息。

弄清楚你是谁、你相信什么，需要自我反思，需要做功课。让别人告诉你，你的期望应该是什么会更容易，尤其是当采纳这些期望意味着认可和接受的时候。只有当你质疑自己所接受的每一个期望并自问以下问题时，才会实现真正的成长：

- 这是我的期望还是别人的期望？

- 如果这是我的期望,那么为什么它对我很重要?
- 如果这不是我的期望,那么它从何而来?
- 在人生的这个阶段,我应该有的明智的期望是什么?

接下来你要做的事情

为了重置那些会让你产生虚假内疚感的期望,你可以使用我下面给你的提示来指导自己完成这一过程。重新设定期望是很有用的,这需要练习。一旦你确定了新的期望,就将其摆在眼前。你可能愿意把它们写下来,在手机上设置一个提醒,或者与朋友进行分享,这样当旧期望带来的虚假内疚感开始悄悄出现时,朋友们就可以帮助到你,让你不忘自己的期望并为之负起责任。

想想那些现在最困扰你的、让你感到内疚的困境。把它们写下来:

_____

_____

_____

_____

虚假内疚感的核心是需要重新设定的期望。

现在，请你重新设定自己的期望，这些期望会让你产生虚假的内疚感，因为要么你无法达成这些期望，要么这些期望与你所想要的和关心的并不一致。问问你自己：

- 当下我的期望是什么？
- 这种期望从何而来？
- 我是否已经将此期望定得足够具体，这样就能知道何时才能达成这项期望？
- 此期望能反映出什么对我重要吗？

当你已经开始看到这些期望将如何导致虚假的内疚感时，请进一步思考，这些期望是从哪里来的。

坚持认为你只想自我接受是一件容易的事情。但事情的真相是，这需要内心深处的努力；这需要很多信任；这需要我们不去在意别人的想法——不管我们说了多少次"不在乎别人的想法"，毕竟说起来容易做起来难。如果我们要打破由完美主义所代表的束缚，这就是必要的。

第 7 章
重新设定你的期望

考虑一下你在哪些领域有着与以下类别相符合的期望：模糊的期望、过时的期望、不平衡的期望、完美主义的期望、别人的期望。你目前试图实现的哪些期望需要重新设定？在下面列出来。

_____

_____

_____

请采用下面这四个步骤重置你的期望，建立起你能快乐、平和、自在地实现的真实期望。

给自己内心的声音一个新的剧本。确保你内心的声音是要放下内疚感，而不是夸大它。你不一定要选择那些偶尔出现的想法，但一定要选择那些会反复出现的想法。当因为没有达到预期而自责时，你对自己说了什么？把这些想法换成更有帮助的想法。比如，我可以不完美；我选择快乐而不是内疚；感觉好才是好，我选择感觉好；等等。

允许自己重新设定那些会导致内疚的期望。只有你才可以决定重新设定期望，让自己感到快乐而不是内疚。

把注意力集中在这样的想法上：在这种情况下，我可以重新设定期望。更明智的期望应该是……

确定新的期望。针对以下五个类别的期望，利用下面的辅导问题来确定一个新期望，以取代你的旧期望。

- **模糊的期望**。使之具体一些。这个具体的、可衡量的、能反映对你来说最重要的东西的期望是什么？达成这个期望有时间表吗？
- **过时的期望**。根据你的承诺、个人成长和此时的愿景，设定合理的期望，来致敬你所处的人生新阶段。你原有的期望在哪些方面过时了？有哪些以前没有考虑过的因素现在应该考虑？在这个人生阶段，你希望自己有什么样的期望？
- **不平衡的期望**。放下你在人际关系中比别人亏欠更多的想法；相反，去拥抱互惠的关系。这种不平衡的状态是如何产生的？你在哪些地方过度负责了？均衡的期望是什么样的？
- **完美主义的期望**。你什么时候倾向于有戒备心理，会进行比较，或者更严厉地进行自我批评？你对自己的哪些期望会触发这些反应？你可以设定什么样的新期望——能让你觉得自己已经做得足够多的期望，来取而代之？

- **别人的期望**。没有达成谁的期望最经常让你感到内疚？这些期望是否反映了你的价值观和神圣的使命？如果没有，你可以放弃或调整哪些期望？新的期望将是什么？

传达新期望。如果你的新期望涉及其他人，或者你和他们之间的新界限，那就要通过对话来传达你的新期望。如果期望纯粹是你个人的，那要让它看得见。在你经常看到的地方（比如桌子上、镜子上、仪表盘上）贴个便条，或者在手机上设置一个提醒，每天都会弹出一个确认信息，提醒你新的期望，直到它成为你的新常态。

第 8 章

拆掉内疚操控者的按钮

避免内疚操控者影响你的行动和决策

Let Go of the Guilt

Stop Beating Yourself Up and

Take Back Your Joy

"为什么我没有出生在一个付得起大学学费的家庭啊？现在，我不得不背着债务毕业！"贾森对妈妈乔伊这样说。

这不是第一次了。乔伊说："贾森就是那个爱按下内疚按钮的人。从青春期过后的某个时候开始，他就开始用内疚来'坑'人了。好像他只是想让我觉得欠他更多一些。我告诉他，他这是被宠坏了，是不切实际的，但这对他没什么用处。"

阿曼达从没有被自己孩子用内疚"坑"过。当她听到"内疚"这个词时，会马上想到她的妈妈。

"我永远没法和妈妈聊天；相反，她对我总是在评头论足。她评判我的家庭、我的育儿技能、我的厨艺、我的丈夫、我的体重，评判她能想到的一切！"她的话音里带着焦虑，"而且她还不直说；相反，她只是开始问你问题，'你注意到客厅的地毯已经磨破了吗？''是不是该开始做晚饭了？''现在已经四点了。你什么时候带麦奇做引体向上？到时候了，不是吗？'我做的任何事都不够好，并且向来如此。"

第 8 章
拆掉内疚操控者的按钮

阿曼达说这太糟糕了,每当她想休息一下,坐下来看会儿电视时,脑海里就会响起妈妈的声音。"我能听到她说,'你为什么还坐着呢?你应该洗衣服了。你应该做饭了。你真是懒惰。'而当我们面对面在一起时,关于为什么不多做点什么事情的问题,关于我能为她做些什么的期待,更是不断地冒出来。"

"自我记事起,妈妈就在让我内疚,"她回忆道,"无论我做什么,她都嫌我做得不够。"

更糟糕的是,母亲还认为阿曼达应该邀请自己参加她和朋友的社交聚会,或让她也参加阿曼达本想和孩子单独参加的活动。

"不管是什么小事,如果我没邀请妈妈参加,那就麻烦大了,"她说,"要是没有她参加,我就不能在家里招待我的女朋友们,也不能带孩子们去看儿童电影。但是让她去了,她又会抱怨,因为她根本就不爱看儿童电影!如果她发现没请她去,她就会说,'嗯,你至少应该问问我想不想去吧。'"

阿曼达说,对这样的事情,妈妈会用沉默来惩罚她。"她会一连三天不跟我说话。她会在我生日那天只给我发短信而不是打电话。这真的很伤人。"

用内疚感来"坑"阿娃的是她丈夫。"他总是说他的状况比我更糟糕,这几乎等于说我的任何努力都不值一提。"她沮丧地说。这使他们的婚姻岌岌可危。阿娃发现自己在不断调整行为来取悦他,但这还是远远不够。他们结婚了,本来计划要孩子,但在几年后,他声称真的不想要孩子了,因为他认为她"不够有条理",不适合做妈妈。

"你每周洗衣服的日子不固定,我们每天的晚饭时间也不固定,你在工作上也还有很多事情要做,"他对她实话实说,"我不知道你认为你怎样才能再把当'妈妈'的工作加到你的工作清单上。"

尽管听起来很可笑,但阿娃也开始怀疑自己有条理地工作、生活的基本能力了。对于丈夫的批评,她的回应是尝试建立起更多可预测的日常生活安排,并开始阅读有关如何变得更有条理的文章。

然后,丈夫又与她展开了进一步的讨论:"我需要你解释一下你为什么想当妈妈。"当她说"我总是会想象自己和孩子们在一起的场景,我爱孩子们,我想有个家"时,他说她的回答没有意义,她需要一个更好的理由把孩子带到这个世界上。每次说到这个话题，阿娃最后都会觉得自己想要孩子是不对的。她开始质疑自己是否应该要孩子。

"我真的开始为自己想当妈妈的想法而感到内疚，"她回忆道，"我们会在几个月，甚至长达一年的时间里都不谈论孩子的事情，因为我们的谈话总是会带出另一些我还没有做好的事情，就冲这些事情，我也不配拥有一个完整的家庭。"

内疚之"坑"

内疚之"坑"是指通过引发他人的内疚感来实施操控，让他们去做一些本来不会做的事情。由内疚感引发的负债感，会以有利于操控者的方式影响被操控者的行为和决策。虚假的内疚感基本上是一种自投罗网的内疚之"坑"。而一般的内疚之"坑"，是他人企图把你拖进来的，这也更难解脱。这种类型的内疚之"坑"，尤其是指以诱导某人做某事为目的，从而让他感到内疚。

以下是一些你将落入内疚之"坑"的信号。想想那些试图通过让你内疚来影响你的人。在这九种信号中，有哪几个在你的人际关系中出现过了？

- **你似乎永远无法达成对方的期望。**你感觉自己总是在做错事，你就是达不到对方的标准。说实在的，你做什么都不够好。

- **对方总是拿你和那些比你做得更好的人做比较。**你被拿来和那些符合期望的人做比较，以证明你是错的，需要改变。

- **别人离开你不行。**即使想用内疚感"坑"你的人对你不满意，他们也会坚持说他们离不开你。他们要让你知道，你让他们陷入了一个可怕的困境，因为你没有达成他们的期望，让他们变得脆弱了。如果你不知道如何才能达成他们的期望，你就会被困在会伤害他们的局面之下。对方不想让你走开；而只是想让你按他们的要求去做。

- **过分感谢和赞美对方。**记住，内疚意味着你欠别人的，所以当你感到入了内疚的"坑"时，你就会觉得欠了别人一笔感情债。毕竟，他们在忍受你和你做的所有不对的事情。因为你觉得自己没价值、配不上，所以你可能会高估其他人，高估他们的贡献。

- **对方质疑你的爱或忠诚。**当听到"如果你爱我，你就会……"或者"如果你像我一样关心这件事，你就会……"这样的话时，你就会陷入内疚之"坑"。这一策略能诱使你去证明他们说错了，从而推动你去做他们口中那些只要你关心他们或关心他们眼下的情况就会去做的任何事情。

- **你觉得除非有严重后果，否则就不能说不**。你觉得自己对人有义务，对人有亏欠，因此，你不能说不。或者觉得犯不着因此而闹出什么后果，所以你屈服于压力只是为了息事宁人。你不快乐，但另一种选择会让你感觉更糟。

- **出了问题时，总是怪你**。你才是那个需要被指引、被教导、被纠正的人，因为一切都是你的错，即使你没什么错，或者不能归罪于你。那些内疚触发者很少承认自己在问题中扮演的角色，他们把感觉到的任何内疚都投射到你或其他不幸的人身上。

- **他们正在为了维持与你的一段关系而做出牺牲**。这段关系失去了平衡，确实如此。这就像债务人和贷款人的关系一样：他们帮了你的忙，或者对你没有达到他们的标准选择"忍受"，所以他们是牺牲品，他们在忍受着你。你应该感激他们，为了成为你的朋友、同事、重要他者等，他们如此模范地践行着自己的高标准，履行自己的义务。

- **你努力达成他们的期望，但他们甚至不知道你的期望是什么**。内疚触发者善于设定期望。他们会很早就开始这么做，而且会经常这么做，有时甚至会在你考虑自己的期望之前就这么做。所以，他们的期望就会捷足先登成为标准。这些期望对他们是有利的，而你的期望（如果你有），可能很少会出现在你与他们的谈话中。

我喜欢《城市词典》(*Urban Dictionary*)对内疚之"坑"直截了当的定义:"一种操纵策略:让一些人感到内疚,使内疚成为他们思考或行为的诱因,而他们在正常情况下不会这样做。操纵者通常会表现出受害者的样子,或者做出夸张的姿态,以制造情感债务。"

为什么我们绕不过内疚之"坑"

没人能强迫你内疚,你是心甘情愿自投罗网的。那么,为什么你这么容易就走到了这一步呢?以下是其中的部分原因。

- **它来自你在乎的人**。内疚之"坑"只对亲近的人有效。如果没有真正的情感联系,那么内疚之"坑"是没人跳的。
- **你害怕后果**。内疚触发者通常会在你面前摆出威胁的姿态。这并不总是一个厚颜无耻的要求,有时候它是含而不露的。尽管如此,你可以确信的是,如果你不"往下跳",后果就会很严重。无论是不理不睬,还是不同意,抑或是其他更具体的东西,其后果你都会害怕。
- **你实际上认同其指责**。在某种程度上,内疚之"坑"之所以

第 8 章
拆掉内疚操控者的按钮

有效,是因为你相信其指责是真的。这就是为什么审视你的想法是至关重要的,尤其是当这些想法来自一个内疚触发者撒下的种子时。

埃琳美丽善良、聪明勤奋,却充满内疚感。当被问及是什么让她感到内疚时,她的回答竟是"所有事情"。

她说她最大的困扰是妈妈总是强加给她的内疚之"坑"。"我就是觉得我不是妈妈的好女儿,"她的话语中带着一丝焦虑,"无论我为她做了什么,都是不够的。这就像一个永远填不上的无底洞,虽然我一直想填上,但却徒劳无功!"

最近,埃琳带着妈妈去丹佛看望表兄弟姐妹们。他们去派克峰观光,在山上待了一天,还为妈妈举行了一个小小的生日庆祝活动。埃琳和她的一个堂兄弟买了一个蛋糕,带了礼物,大家还唱了《生日快乐》歌。这是一次愉快的旅行——埃琳说,这说明了很多,因为通常她妈妈总是会找碴抱怨。而这一次她没有。

然后,她们就回家了,几天后家里有人提出给妈妈过生日。她妈妈是怎么回答的呢?"好啊,我今年还没过生日呢。"

埃琳惊呆了，问道："妈妈，您这是啥意思啊？我们在丹佛一起庆祝了您的生日，您难道忘了吗？我还给您买了蛋糕。我们唱了《生日快乐》歌，您还拆了礼物。"

"嗯，那不算数，"她告诉埃琳，"那不是你办的，那是你的表兄弟姐妹们办的。"虽然庆生其实是埃琳的主意，是她在大家的帮助下促成的，但很明显，她妈妈认为这么做还是不够的。

内疚之"坑"根源于你亏欠别人的意识。想用内疚"坑"你的人善于想方设法让你们之间的关系失去平衡，这样你就会觉得自己做得不够多，或者他们做得多得过分了。他们会让内疚来主导你们的关系，以便让其朝着他们希望的方向发展。他们需要的只是你的配合。

内疚触发者都是操控大师。他们经常会说一些小事来给你种下内疚的种子，希望你的回应是做他们想做的事情，或者是以对某事感到难过来做"补偿"。内疚之"坑"的目的是影响你的行动和决策。记住，仅仅意识到是什么触发了你的内疚感是不够的，你还必须对内疚可能引发的"战斗或逃跑"反应负起责任。内疚触发者可能不知道当内疚感被触发时你的大脑里会发生什么，但他们当然知道它对行为的影响有多大。如果他们能进入你的大脑，让你感到内疚,那么你的"战斗或逃跑"反应就会像有熊在追你一样迅速。

问题是,内疚之"坑"并非命令,这是你有权拒绝的邀请。虽然可能会面临威胁,也可能会有不好的后果,但你最终还是能够选择如何来应对这个结果,而不是任由自己被操控。

这方面一个极端的例子是大屠杀最年轻的幸存者之一伊迪·弗兰克尔(Edye Frankel)。伊迪是我一位好朋友的母亲,当我在朋友家的一次家庭聚会上提到自己正在写本书时,她很快就插话说起她自己与内疚感的纠缠。我对她的描述很感兴趣,她说她对自己已经不记得婴儿时和幼童时在三处不同的集中营度过的时光而感到内疚,她觉得记忆缺失在某种程度上弱化了她以幸存者自称的权利。我向她提出,希望可以就与内疚有关的经历对她进行访谈。在我们几个月后的访谈中,她分享了在20多岁时,她的拉比(犹太教经师或神职人员)对她的期望如何导致她陷入了深深的内疚。伊迪的故事值得写成一整本书,但我只想分享其中一小部分,作为别人的期望如何让我们陷入内疚之"坑"的一个实例。

在20多岁时,伊迪恋爱了,并且订了婚。不管怎么说,在她父亲的眼里,只有一个大问题:她的新郎不是犹太人。"我丈夫是黑人，"她解释道，"这有点离经叛道。只有他改变信仰，我父亲才会勉强接受他。"她的丈夫没有改变信仰，当她父亲威胁她，要么嫁给犹太人，要么断绝关系时，她也没有退缩。

结婚后，她的父亲继续威胁她。"22岁时，他为我举行了葬礼，"她说，"他毁坏了我的出生证明。直到他去世，我们都没有再说过话。"

伊迪做出了一个勇敢的选择，拒绝落入父亲的内疚之"坑"，但她付出了巨大的代价。

虽然她父亲试图通过威胁来控制伊迪对婚姻伴侣的选择，对伊迪来说可能是内疚的一种深刻的诱因，但她说嫁给父亲不喜欢的人这一决定，并不是一种挥之不去的内疚诱因。

"我很倔强，"她说，"人必须真实地面对自己。无论做什么，我都会遵循自己的原则。"

然而，直到今天，在与父亲的冲突中，伊迪仍然因为她与拉比的一次谈话而内疚着。"我向拉比承诺，我会把我的孩子培养成犹太人，"她反思道，"这就是我感到内疚的原因。这是更深层次的问题。大屠杀之所以发生在我们身上，是因为我们是犹太人。

放弃宗教就等于放弃了我们因之忍受了这么多痛苦的根由。"

拉比让伊迪明白，确保把孩子培养成犹太人是她对自己的信仰和人民所应负的责任。"只要有人离开犹太教，犹太人就会减少。"她说这是拉比对她说的。

于是，她让孩子们在犹太会堂的希伯来学校上学。"其他孩子取笑他们、骂他们，这非常残忍。"

很快，她又把他们送到了公立学校，在那里他们的朋友大多是黑人。在犹太学校，他们被攻击"不够犹太"。在公立学校，他们则被责备"不够黑"。伊迪尽最大努力帮助他们在自己的世界里向前走，尽管她希望种族和宗教因素不要成为太大的困扰，但他们每天身处的世界却如此固执。当大女儿问"妈妈，我是什么肤色的"时，她告诉女儿"你属于人类的肤色"。但是邻居的孩子们拒绝了这个想法。她愤怒地说："社会上说你一定是黑人，就是这么回事。"

作为一名大屠杀的幸存者，伊迪在成长过程中经历了偏见，强烈的公平感和正义感促使她教育女儿们所有的宗教都是好的。"我在家里和不同宗教、不同种族的人一起吃逾越节家宴，感觉棒极了。"

最终,她的女儿们没有坚持她们的犹太信仰,伊迪为此自责不已。她承认:"当得知我的一个女儿将接受洗礼时,我哭了好几天。这对我来说太痛苦了,要克服这种痛苦需要决心。我要让时间来治愈痛苦。我只是做了一个价值判断,与我自己的孩子相比,宗教又有多重要?"

这是一个相当讽刺的问题,因为她的父亲选择了宗教而不是女儿。更具有讽刺意味的是,伊迪反思道,也许第一次婚姻带来的个人磨难是由她自己造成的,是由她的内疚感而起的。她说:"我为自己创造了造成痛苦的情景,这样我就制造了自己的大屠杀。"她的假设是,也许是因为无法记住大屠杀,她决定自创一个痛苦情景。

伊迪因未能满足拉比的要求而感到深深的内疚,这种内疚感比我们大多数人所经历过的都要强烈,这恰恰说明了内疚之"坑"的影响有多大。当违背父亲的意愿而结婚时,她坚持了种族和宗教平等的价值观。但是,培养孩子的犹太信仰,最终并不是她可以决定的。这是她无法掌控的期望。

"很难说我本该采取什么样的不同做法。我不想对他们进行填鸭式教育,我不想强迫他们做任何事。这是一种公平感。"她说。

也许她公平的价值观与拉比的要求和期望是不一致的。这两种价值观发生了冲突，内疚因此不可避免。

虽然从表面上看，这可能不像一个内疚之"坑"，但在父亲和拉比对伊迪的要求中，都隐含着她有亏欠的意思。她亏欠犹太人，亏欠那些为了把信仰和遗产传承给她而受苦的人。

然而，最终她还是按照公平和爱的价值观做出了自己的决定。这意味着她自己的孩子无须面对她曾经面临过的威胁和期望的压力，可以自由地做出决定。

内疚吸引内疚之"坑"

埃琳一直在与由母亲布下的内疚之"坑"做斗争，她分享了一则趣闻。十多年来，从高中开始，她最好的朋友就通过内疚之"坑"来控制她还能和谁交朋友。"我觉得我就像一块磁铁，总是脱不开这种事情。"她说。

当我们容易产生虚假的内疚感时，就会有人乘虚而入，这是一个可怕的想法，但是有一定的真实性。想想看：如果你想用内疚之"坑"来得到自己想要的，对那些不就范的人，你就会在与他们建立的关系中失去掌控。所以，和其他任何施虐者一样，你会转而去寻找那些愿意对你的操控和精神虐待就范的人。

不幸的是，克雷格就是这样一个完美的例子。他说他十几岁的时候是个典型的好孩子。他善良、风趣、容易相处。他在某些方面也享有特权。他的家庭相当富裕，他几乎从未考虑过钱的问题，因为根本不需要。但他的父母经常要求他和他的兄弟姐妹在到亲戚家做客时，一定要在生活方式方面保持低调。

"他们不想让家里的任何人觉得我们比他们拥有的更多。我甚至不能谈论自己在学校里的那些成就，"他回忆道，"我想我开始意识到，也许我们的好运气会让他们觉得受到冒犯，或心生嫉妒。"

随着年龄的增长，他的友谊开始呈现出一种模式。"我似乎被那些不怎么有钱的人吸住了。我不记得自己有意识地这么做过，但回想起来，这种情况在我十几岁和二十几岁的时候就发生了。"克雷格说，有朋友评论他，暗示他不值得拥有他所拥有的这些，如果他是一个真正的朋友，他就该给他们撒钱。

"困扰我的内疚之'坑'是，我想我的状况比别人更好，老天的这份眷顾我配不上,"他解释说,"我确实配不上。我的意思是,成为这个家庭的一员不是我选择的结果。我生在这个家里是走了大运。我真的不认为自己比别人强。"这样的指责确实困扰着克雷格。回头看看,他意识到这就是一个正在困扰他的内疚之"坑"。

"我经常受人摆布,为人买单,帮不靠谱的人解决问题。有件事听起来很疯狂,在我二十几岁时,我拥有了一段维系多时的感情,部分原因就是想证明,我并不认为自己比其他经济阶层的人更好。在我们的关系中,我总是克制的一方,因为我觉得自己生活得比她更轻松,我应该为此感到内疚并进行补偿。我甚至不愿意去想自己所有的付出——帮助她和她的家人,买礼物,满足其开始失控的期望。"

克雷格终于开始明白,他是如何被那些把他这种容易内疚的想法视为可以利用的弱点的人操控的。他开始以不同以往的方式选择友谊和情感关系,并与那些倾向于操控他人的人划清界限。他说,当他这么做的时候,那些内疚触发者们对与他建立友谊的觊觎越来越少了。

那些控制欲强的人想要按下你的内疚按钮,并从你那里得到预料之中的反应。内疚是他们的工具。当你停用这些按钮后,这个工具就不再有用了。他们会从新的角度来推动你,看看能否重新激活旧的内疚按钮,但如果你保持稳定,他们很快就会放弃,转向那些更容易操控的人。

自我诱导的内疚之"坑"

有些内疚之"坑"没有那么明显。它们可能完全存在于你的想象里,你想象有人会不高兴,你会被他们看成自私的人,或者别人应该比你得到的更多。

克莱尔很善于给自己挖"坑",让自己内疚,但她并没有意识到这一点。她聪明、甜美、勤奋,希望有人能指导她克服一些社交焦虑,但她从来没有把内疚的想法和焦虑联系起来。她最深切的渴望是自己能被别人看到,被别人重视,这是她擅长对别人所做的事。但她经常害怕别人的批评,觉得自己被忽视了。

在一次教练课上,克莱尔和我分享了一些不寻常的事情。作为一家《财富》500强公司的高成就人士,她曾因对公司做出的贡献而获得内部奖励。这是一件大事,是她应得的。每当有好事发生时,她的父母总会送花给她。在这个特别的日子,当他们打来电话，告诉她多为她感到骄傲时，她提出了一个要求。

"这次就请别送花给我了。"她说。

"为什么呢？这是多了不起的成就！我们就是想用这种方式来赞扬你的不凡啊。"

她犹豫了一下才回答道："我不想让别人感觉不好，这只会招来麻烦。"

我很吃惊。克莱尔这是把她说过的、她自己想要的这种被关注、被重视的场面推开了。这是她做人的主调。她经常对自己的成就轻描淡写。她说，这是因为她不想让别人感到不舒服，但因为现在她已经开启职业生涯转换，不再给人打工，开始经营自己的数字营销公司，所以她经常发现自己会置身于需要向新人做自我介绍的场合。这些人不了解她的背景，而且因为她总是淡化自己的成就，他们对她是谁和她的能力的看法远远低于实际情况。这影响了她赢得新业务的能力。

"你为什么喜欢隐藏自己的实力呢？"我问，"是什么在驱使你总用自己的低调换取别人的舒心呢？"

"因为让别人感到不舒服,就会给自己带来不好的影响。"她说。

克莱尔陷入内疚之"坑"的根源是以前有几个人曾经批评过她,她任凭他们带给她的内疚感在脑海里不住地回放。这些旧日的内疚感在新的人生阶段继续影响着她。

这是她的"内疚陈述":赞美你的辛勤工作和成就是错误的,因为这可能会让别人觉得他们自己做得不够。

但是你如果看得再深入一点,就会注意到另外一些促使她产生内疚感的东西——自我保护。她的想法是:如果让别人感到不舒服,我就会为此付出代价。记住,当抽丝剥茧地分析内疚时,你可能会发现内疚并不是最初看起来的那样。自我诱导的内疚感往往是为了保护自己不因激怒他人而受到伤害。

在克莱尔的例子中,她决定再深入一层来分析自己的内疚感,问自己一个关键而有力度的问题:"如果其他人感到不舒服怎么办?那又怎样?"换句话说,她没有让恐惧来告诉自己需要付出代价,而是问了一个问题,这能迫使她来决断这是不是值得付出的代价。

别人不舒服不是你需要解决的问题,因为解决它就意味着影响你的目标和工作。你不需要表现得很粗鲁,但你必须完全站在自己的立场上思考,不必管别人怎么想。那些想用内疚"坑"你的人是想通过在你身上堆积虚假的内疚感来控制你,但你不要上钩。当然,你必须接受有时候自己会不舒服。你必须审视自己的想法,判断它们是真的还是假的,并用真实的想法取代虚假的想法。通过学会放手,你就能停用操控者喜欢按下的按钮,不去做他们想让你做的事情。

相互性与内疚

我儿子亚历克斯从高尔夫训练营跑出来时,手里拿着一张小纸条。他的脸上洋溢着兴奋的笑容,那是只有五岁的孩子面对一张快餐优惠券才会表现出的兴奋。当然,那是一张 Chick-fil-A 优惠券,所以我很理解。"妈妈,我们可以用它去买一份免费的儿童餐!"他大呼小叫。

我们回家的路上在 Chick-fil-A 停了一下。当时才上午 11 点,我还不饿。家里的冰箱里还有一些美味的鸡肉,是我丈夫前一天晚上烤的。我打算在下午 1 点左右拿它当午饭吃。

当我们来到柜台前下订单时,亚历克斯仍然很兴奋。"嗨,"

我对着柜台后面那个穿着刚熨过的 Polo 衫的小伙说,"我有一张儿童餐券,我们想点一份鸡块儿童餐和一杯巧克力牛奶。"这就是我想点的东西,我就是奔着这个来的。

我内心感到有点纠结。我想我的纠结是由这样一些想法引起的:你带着免费券过来,只点了免费食物,用了人家的洗手间,让你儿子在游乐区玩,而你还借机抽空清理了电子邮件,然后一毛钱不花就走了?

我对这个问题的回答应该很简单:是的,是的,这正是我要做的,但你知道内疚之"坑"的套路。你的内疚感会清楚而响亮地回答这个问题:这是粗鲁的行为。你不能走进一家餐厅,得到了免费的食物,使用了人家的设施,却什么食物都不点!

接着从我嘴里冒出来的是:"……我还要一个 Chick-fil-A 三明治,不要泡菜,一个水果杯,再来一瓶水,谢谢。"我根本就不饿,我还要回家吃午饭。该死,我根本就不渴!但我出于内疚而点了这堆东西。

有个术语可以用来描述这种现象。《影响力》(*Influence*)一书的作者、亚利桑那州立大学教授罗伯特·西奥迪尼(Robert Cialdini)谈到了市场营销中互惠的力量。从本质上讲,当我们得到一件礼物时，即使我们不看重它，也会在某种程度上感到欠了送礼者的人情。这就是非营利组织会给你发送你没有要过的免费地址标签的原因。这是在把内疚感作为一种营销策略而聪明地加以运用。他们知道，相当大比例的受赠者会因为没有为免费礼物付钱而感到内疚。记住，内疚感的三个真相之一就是内疚感是一种债务，它会提醒你，你有亏欠。如果你听之任之，免费优惠券就会让你感到内疚，也就是说，你如果没有将这种情绪标记出来，并在做出反应之前让自己暂停一下，那么它就会引发内疚感。

内疚的人让人内疚

我们大多数人都听过"受伤的人会伤人"这句话，意思是那些被伤害的人会在痛苦中做出决定，并在这个过程中伤害到别人。在内疚感方面也有类似的现象。那些感到内疚并且走不出来的人，常常会将内疚感迁移到别人身上。要当心他们。

我遇到的最伤人的一个例子是一位演讲者同行讲给我的。她谈到了她的爱和母性之旅是如何受到教会中一位女性影响的，这名女性曾在教堂里把她拉到一边，劝阻她不要收养孩子。她那时

40多岁，单身。这位女性没有用独自抚养孩子可能很艰难这个理由来劝阻她，而是用自己曾努力抚平的深深的伤口作为说服她的武器。她小时候曾被猥亵过。她说："如果你被猥亵过，你真的不应该要孩子。"言下之意是，她在灾难性的童年中所遭受的伤害，在某种程度上应该使她失去做母亲的资格。这个扭曲的建议来自一个对自己的过去充满内疚的女人。这一忠告不是来自智慧、爱或真理，而是来自内疚、羞耻和痛苦。尽管如此，她还是接受了这个内心充满内疚的、令人深感不快的女人的建议，达成了她的期望。她本来就要收养孩子了，但却彻底放弃了这个想法，她放弃了自己的梦想。多年过去后，她才抽丝剥茧地化解了内疚，形成了根植于事实的新期望，并在50岁时收养了一个孩子。

进行艰难对话

如果你被内疚"坑"了，那你可能需要进行一场艰难的对话来打破僵局。让我们来分析一下如何有效地进行一场艰难的对话。如果你一直陷在内疚中，而你身边的人对此已经习惯了，那么他们可能就会抗拒你要说的一些话。不要让这种情形阻止你。用不了多久，他们就会实实在在地认识到，这次对话早就该进行了。

第 8 章
拆掉内疚操控者的按钮

他们会承认改变是必要的，而你也是通情达理的。这种情况会发生在一个人情绪稳定、能够进行不舒服的对话的时候。但如果情况不是这样，无论如何都要决定进行艰难的对话。做个大气的人，勇敢一点。

恐惧往往来自你总是关注可能出错的地方，而不去关注那些可能做对的地方。当要走出自己的舒适区时，我们可能会把即将开启的一场艰难对话的走向搞得很糟。我们在脑海中想得太多：关于说出真相的负面结果、关于自己需要和想要的东西，以及伤害了别人的感情。但其实同样重要的是，我们更应关注哪些事情可能会做对。换句话说，当需要进行一场艰难对话时，你必须运用思想意识的技巧。与其封闭自己的想法，不如深入思考，承认它们，然后制定一个策略，面对这些困难，继续前进。

想想这段艰难的对话，因为你是时候设定一个界限或者一个新的期望了。然后问自己以下问题：

- 在这场对话里，我会担心发生什么事情？
- 如果发生了这种情况，那我应该如何处理？
- 这样的对话对我有什么好处？
- 我希望这样的对话产生什么效果？

- 我有哪些特别需要说出来的东西？
- 我最害怕说什么？为什么？
- 如果我一开始先描述我的恐惧和焦虑，然后再解释尽管我恐惧并焦虑，但还是要进行这场对话，因为它是如此重要，结果会怎么样？

诚实地表露出你的焦虑，这样你就向对方传达了对话的重要性。你表达了自己的担忧，表达了对他们的关心，表达了不想破坏与他们的关系的愿望，但你也觉得自己有义务说出真相，做正确的事情。

绕过内疚之"坑"的方法

接下来，我列出了八个步骤，可以让你绕过内疚之"坑"，走上真理和自由之路。对每一步，我都会给你准确的词语，你可以在和内疚触发者的对话中使用或进行调整。

步骤一：拆掉内疚按钮

内疚之"坑"之所以有效，是因为人们已经学会了如何让你对触发内疚感的因素做出反应。他们扣动扳机，你就会按他们说的去做。出现这种情形是因为你是在被动反应而不是在积极回应。回应意味着你会停下来，有意识地选择自己将采取或不采取什么行动。因此，拆掉按钮的第一种方法是不去做你通常会做的事情。你如果通常会跟着人家的指挥棒行动，那现在不要再这么做了。你如果总是不停地为自己并没有做错的事情道歉，那就停下来吧。你如果已打开钱包，开始撒钱，那就赶快把钱包收起来。

脚本

什么也不要说。不要马上做出反应。

或者说："我做不到。"

又或者说："我考虑一下，然后再告诉你。"

别再说其他事情了，无须解释。当你开始试图解释时，尤其是在学习这种新的回应方式时，你可能会说着说着无意中又让自己落到内疚之"坑"中！

步骤二：标记内疚情绪

请记住，当这种情绪在你心中升起时，给它命名可以帮助你有意识地注意到它，能让你暂停下来。内疚之"坑"会引发"战斗或逃跑"反应。给内疚感贴上标签可以延缓这个过程。简单地说，做标记就是你在心里记下内疚感已经出现，并且它正试图操控你。

脚本

对自己说："我现在开始感到内疚了。这是怎么回事？"

你如果不确定这是虚假的内疚还是真实的内疚，请使用剥离流程来获得答案。

步骤三：说出你的内疚感

内疚是在黑暗中滋生的。内疚触发者和操控者指望你默默地顺从。他们知道你不喜欢对抗，所以会利用这种恐惧来控制局面。记住，这种内疚不是光明正大产生的，所以要把它大声地说出来。无论这是一种自我诱导的内疚之"坑"，还是来自他人的触发和操控，这个方法都是有效的。对自己诚实，才能对他人诚实。

脚本

对内疚触发者说："我不喜欢因为内疚而做事情，因为这会让我感到憎恨。我喜欢做那些感觉自己是被引导着去做的事情，我知道这是我应该做的。"

步骤四：请内疚触发者直接说出他的诉求

那些使用内疚"坑"人者往往对诚实的对话和交锋感到不舒服，所以他们不会直来直去。他们采取的消极攻击方式能让他们心安理得地拿到想要的东西。让你感到不舒服之处正是他们的舒适区所在。所以，你可以跳出常态与其对话，并处理与他们的关系。

脚本

告诉那个触发你的内疚感的人："我知道你想从我这里得到某种东西，我希望你提要求，而不要给我布下内疚之'坑'。"

步骤五：请内疚触发者尊重你的决定

承认你知道内疚触发者想要的东西对他们来说很重要，但你必须做出明智的、对你有意义的决定，并让他们尊重你的决定。这意味着，一旦你做出了决定，他们就会放手，会接受它，转而采取尊重你选择的其他方法，而不是说你的闲话、坏话，或者背着你找人来当说客，试图改变你的想法。

脚本

告诉你的内疚触发者:"我理解你认为我还应该做一些事情,但这个决定对我来说是有意义的。我请你尊重我做决定的权利。"

步骤六:确认此人在你生命中的价值

正如我曾经说过的,内疚之"坑"往往是你亲近的人用起来最顺手,他们的意见和青睐对你很重要。你要把这一点告诉他们。

脚本

让你的内疚触发者知道:"我很在乎你的想法。"

"我不想与你发生争执。"

"我不喜欢让你失望。"

"我想达成你的期望,但我做不到。"

步骤七:反复进行这样的讨论,直到习惯改变

我知道你不想再受内疚之"坑"的困扰,那就从今天开始吧。

可是既然你不能控制别人的行为，那你要知道，他们可能需要一分钟时间才能理解你的新思维模式和界限。你一定要站稳立场。如果有必要，可以多对话几次，继续把你遭遇的内疚之"坑"讲出来。要打开天窗说亮话，要求他们别拐弯抹角。如果他们不收手，那就把后果亮给他们看。例如，如果他们不尊重你的要求，那么可以是你直接离开房间这样的小后果；如果他们还是拒绝停止，那也可以是结束一段友谊这样的严重后果。要提前考虑好后果，并做好实施的准备。你可以用一种直接但友好的语气传达后果。这可能会让人感到不舒服，但以如此明确的方式设定界限也会让人感到解脱。

这种关系局面可能是长时间形成的。如果这种局面难以改变，那你就需要继续运用上述新的沟通方式，直到这种新的方式巩固下来，局面彻底改观。

脚本

对你的内疚触发者说："就像我们之前说的（描述你之前的要求是什么）……重要的是你要停下来，因为内疚之'坑'会导致怨恨，会破坏我们的关系，我不想对你有这种感觉。"

步骤八：练习爱和耐心

不管内疚触发者是否表现出爱，你都可以选择自己如何表现。记住，内疚之"坑"与控制有关。如果他们能让你做出对某事感到内疚的反应，他们就会利用内疚来对付你。再说一遍，不要上当。你可能会因为勃然大怒或不尊重别人，尤其是你亲近的人，而破坏了自己设定界限的努力。做个有大格局的人。要善良，更要实事求是。要温柔，更要直截了当。

接下来你要做的事情

准备好回应那些经常推你入"坑"的内疚触发者。采用本章中提供的脚本，写出你预计他们会说些什么来让你落入内疚之"坑"。然后构思你的回应之语，并大声练习。

第 9 章

找回你的快乐

拥抱放下内疚、快乐生活的八个习惯

Let Go of the Guilt

Stop Beating Yourself Up and

Take Back Your Joy

当你不再需要老想着"放下"时，放下内疚的一个重要的里程碑时刻就到了。这表明你已经摆脱了内疚感的困扰。内疚可能会出现在你的心门之外，但你没有敞开大门让它进来。

实现这个里程碑标志着你在旅程中到达了这样一个点，即你的精力集中在你想要的而不是你不想要的东西上。一个强有力的目标绝不可能仅仅是没有某些东西就行了，它一定是对某物存在的声明。仅仅放下你的内疚是不够的。放下肯定比沉湎其中感觉好，但在某些时候你会意识到"放下"还不是你最深的愿望。你的灵魂渴望更多的东西。它渴望快乐，渴望安宁，渴望爱。

就我而言，我想要自由地去做那些代表着我真实价值观和欲望的决定。我想要自由地走向我理想中的生活。对我来说，这意味着我更关心自我的期望，而不是其他人对我的期望，尤其是这些"其他人"只是在我的脑海里。这意味着我可能会让一些人失望，这还意味着我可能不得不放弃对自己和他人不切实际的期望——为失去对生活应该是什么样子的幻想而哀悼，并接受它现在可能是什么样子的现实。

第 9 章
找回你的快乐

接纳为快乐扫清道路

在我把这段简单的经历记录在日记里的那一天，我知道自己已经在人生旅程中取得了真正的进步，已经放下了内疚，拥抱到了快乐。

我当下是什么样的感觉呢？通常我会感到内疚。我在早上五点之前起床，但没写出任何接近我目标的东西。我现在的感觉就像是对自己缺乏能力这一事实妥协了。这是一种接受，而不是内疚。我又不会放弃，所以为什么要内疚呢？如果只把它视为整个过程的一部分，不会因此而感到受打击，而是接受它，并继续朝着终点前进，那情况会如何呢？我没有浪费精力，不因没做成更多事情而自责。我只是在自己荒谬的、缓慢的、过度思考的过程中单纯地接受了自己的不完美，我已经这样做了很多次，都获得了令人满意的成效。

接受是你看到真相并有勇气付诸行动的能力；是要看到你的内疚是虚假的，并停止基于这种虚假的内疚做出决定；是当你做错的时候自己能看到，并能通过承认内疚、道歉和补偿的过程来处理这个问题；是如实地给内疚之"坑"贴上标签，并拒绝受其摆布。但接受需要练习。你做得越多，就会感到越自由，因为你在那些本来没有路的地方为你的幸福生活开辟了道路。每当觉得自己在抗拒接受时，你要对自己说："我看到了真相，我选择用爱和勇气来回应。"

与接受相对的是抗拒。要释放内疚感，我们就必须认识到自己在抗拒什么。抗拒是我们通往快乐、平和、爱和真相的障碍，它通常表现为恐惧。那么"抗拒"而非接受看起来是怎样的情形呢？那就是，我们通过回避诚实、艰难的对话，假装事实不是事实，为了达成别人的期望而压抑我们的价值观和需求，来抗拒现实。当我们接受了事实，不管它是好是坏，我们都能通过做些必要的工作来放下我们的内疚感。我们要诚实地看待那些自我打击的想法，并用事实来代替它们。通过这样做，我们就能创造出一个情感上诚实而平静并且充满欢乐的生活空间。

接受是一座由内疚通往自由的桥梁。在这座桥梁的那一边，你可以自由地拥有更真实的情感关系，原谅自己的错误和遗憾，拥抱你生命的独特愿景，这可能会让你看起来与周围的人大不相同。

我们必须接受的一个最重要的概念是接受我们自己的独特性。

你不是偶然来到这里的，在你生命中的某些时候，你必须调整好自己，理解你的使命，并确保已经为承担起这个使命做好了准备。这通常意味着你的生活和周围人的生活不一样。你需要达成的期望可能与别人的完全不同。接受这一切，拥抱这一切。这样做可以让你获得解脱，在自己的决定和选择中获得快乐和信心。它会将你从因那些本来就无须达成的期望而背上的内疚枷锁中解脱出来。请记住以下两个事实：

- 只有接受并拥抱自己的独特生命，你才不会因为没有过上你认为别人期望你过上的生活而感到内疚；
- 如果你不是真正相信自己是与众不同的，你就无法接受和拥抱你的独特生活。

找回快乐的八个习惯

就像内疚已经成为一种习惯，如果你能练习并有意识地选择，快乐也可以成为一种习惯。我认为有八种非常有效的方法，能帮助你找回快乐。

注意到你正在失去快乐

有一天我正在机场登机口候机，应邀准备去做一个演讲，这时一位年轻女士拿着我的驾照向我跑过来。一开始我很困惑，不知道她是谁，为什么我这么重要的东西会在她手里。而她马上就解释说，这是在候机楼的地板上捡到的，她跑到几个登机口去找失主，看能不能找到与照片相符的乘客。如果她没有找到我，我一定会为此头疼的。我还要坐飞机回家，没有身份证是过不了安检的。由于这趟旅程我已经通过了安检，所以我可能直到明天需要用它时才会意识到它不见了。

如果没有意识到遗失了某件东西，你是不会主动去找它的。而内疚感就会让你迷失在这样的困境中，当自我反省那些以为自己做错了的东西时，你就会感到焦虑和不快乐，而你并没有真正意识到你被剥夺了什么。你可以先把摆脱内疚感当成自己的起始目标，但我相信你的终极目标绝不会止步于此。你的终极目标是过上充满欢乐、自由、平和的丰富生活。你可以认真地让你的灵魂得到恢复，找回埋藏在那里的快乐，并坚持下去。第一步不过就是，当感到内疚的时候，你就要意识到快乐已经消失了。

快乐就在那里，即使你已经不记得上一次感到平静和快乐是在什么时候了。这是你的自然状态。看看那些无忧无虑的小孩子，此时内疚、压力或痛苦尚未成为他们现实生活的一部分。快乐就在那里。你想要它回来吗？回答"是"就是找回快乐的第一步。

接受过去

也许你希望过去发生的某些事情根本就不曾发生过，或者有些对话你希望能重来一次，这样你就可以换一种方式来说话。可能会有一些选择，你希望能撤回来；或者反过来，你希望当初做了这样的选择。过去了就是过去了，木已成舟，再多的愿望也改变不了这个事实。那些最快乐的人知道并接受了这一点。

接受意味着和解，但接受也会影响你对自己的看法，以及你想在这个世界上成为什么样的人。它可能会与我们所期待的生活大相径庭。你知道自己的理想吗？你知道自己对所处环境的期许吗？过去如果发生了一件不符合我们理想的事情，我们可以通过抗拒事实来应对，也可以视而不见。我们可以否认人生经历中那些与梦想中的自我、与自己对事情的理想看法不相符的部分。有时，接受意味着坚持自己的价值观而毫无愧意。如果不能接受那些对你来说真正重要的事情，你就很难接受过去。

摆脱精神内耗
Let Go of the Guilt Stop Beating Yourself Up and Take Back Your Joy

　　这是让我纠结的地方。在内心深处，我认为做一位全职妈妈是最理想的。我脑海中总是显现出妈妈和我在一起的画面。在我的成长过程中，她经常说起她和我一起度过的快乐时光，她觉得自己的孩子就是个完美的洋娃娃，只不过是真人而已。她经常提到在我很小的时候她就教我读书写字。她从来没有把待在家里作为一种向往的理想，但我把这种想法内化了，甚至理想化了。事实是，我出生时她才20岁。那时她还没有开始自己的职业生涯，甚至还没有开始上大学。我3岁的时候她开始兼职工作，我上了保育学校。在我7岁时，她开始全职工作。她在我13岁的时候大学毕业了。当生下我的小弟弟后，待在家里已经不是她的一个选项了。

　　当我决定找回自己的快乐时，我不得不先关注自己在做母亲方面的内疚，看看它是如何偷走我的快乐的，并下决心把快乐找回来。这就需要层层剖析问题，看看导致我内疚的想法是从哪里来的，并具体判断我的生活方式在某些方面与我的价值观是否一致。我发现，攀比正在破坏我接受自己的过去和现状的能力。把我40岁的生活和我妈妈20岁的生活相比较，会让我感到内疚，会让我的人生旅程变得没那么独特。我必须做出选择，要拥有我自己的生活和选择。如果做不到这一点，我就需要澄清自己的价值观并做出一些改变。

第9章
找回你的快乐

当我祈祷得到一个答案时，一个真相出现在我的意识里：我的生活就是它应该是的样子，这也是我"想要"的样子。在20岁的时候，我不想结婚，不想养孩子。但在40岁的时候，我想通了。我的生活和母亲的不一样——我的生活也很好。唯一缺失的就是我对它的接受。我一旦接受了自己的生活，我就会得到解脱，我也将获得信心、平和和欢乐。

接受需要妥协——妥协于我们需要吸取的教训，以及那些引导我们去吸取这些教训的人。

我在本书中分享过她们的故事的每一位女性，只要愿意采用本书提供的工具来接受教练，最终都会同意，接受就是她们最终找到平和与快乐的方法。

莫妮卡曾对自己在18岁时无法让大女儿过上与小女儿现在一样好的生活而感到内疚，但最终接受了这种有差别的现实。"你知道，在那样的环境下，我年纪又那么小，能尽我所能给女儿最好的生活，已经算是很强大、很有志气了，"她在教练结束后回忆道，"是的，我当时为她做的这些事情没有达到我的理想，但这绝对是我在当时的资源和环境下所能做的最好的事情。"

拥抱谦卑

说那些想要放下内疚、拥抱快乐的人需要借助谦卑来做到这一点，似乎是违反直觉的。毕竟，内疚意味着你关心别人，而不是自大到觉得自己没必要道歉，对吗？是，也不是。内疚需要同理心，是以他人为关注点的，但拥抱快乐就需要宽恕自己。在谈论原谅自己之前，我们必须先谈谈看到自己的不完美是多么困难。毕竟，因为不够完美而生自己的气，无法达成对自己的更高期望，你就会感到备受打击。最先要注意的是，你需要对自己的能力有一定的信心，相信自己能够达成这些期望。在感受不到打击的情况下接受自己的不足，意味着接受自己作为人的局限性。没有人是完美的，我们越早接受自己的不足，就越容易接受过去的不完美。

当为本书做访谈时，我问母亲是否愿意分享她对内疚的看法和经历。她告诉我说，她不觉得自己有任何内疚感。我一下糊涂了，我还以为她有。在我成年后，尤其是在我弟弟处于成长期时，她曾多次写信给我，为我十几岁时她没有多陪在我身边而道歉。在我13岁时，父母分开了，我和父亲在科罗拉多州住了两年，而母亲那时住在100英里外的怀俄明州。等她搬回来后，我和她又开始一起生活，那时她要打两份工。这意味着她错过了积极参与

第9章
找回你的快乐

我生活中一些事情的机会。虽然我们肯定算不上穷困，但钱还是有些紧张。20年后，情况发生了变化，在我弟弟十几岁时出现了一个里程碑时刻，她开始真正意识到，她和我曾错过了多少像她现在和我弟弟这样度过的时光和机会。

在几年前，她第二次还是第三次向我道歉之后，我向她保证已经完全接受了她的道歉。我没有攀比，我理解自己十几岁时家里的处境和面临的困难。我真的相信她已经做了当时她心中对我最好的事情，努力维持着与我们分开住之前一样的生活方式。如果能重新来过，她会做出不同的选择。当有了20年的生活经验，你就会对如何判断生活中那些真正重要的事情产生更多智慧。当我为自己的孩子做出选择时，这种智慧并没有从我身上消失。

我原以为她一直在用内疚折磨自己，等到这次让她谈谈内疚感时，她却回答说她没感到任何内疚。一开始我以为她是在自欺欺人，直到听到她这样解释。"我接受在生命中所做的所有选择，及其导致的结果，"她笃定地说，"当然，如果我能做一些不同的事情，我会的，但上帝已经赐给我平和的心态了。我已经接受了我的生活就该如此，包括所有这一切。我已经原谅自己做过这些让人后悔的事情。我很高兴。"她这是达到了一个多么强大而平和的心境。

宽恕自己

宽恕就是免除债务，意思是你不再有亏欠了，不再寻求报复或进一步的惩罚。这适用于原谅别人，也适用于原谅自己。要免除导致你自责的负债和对自己的愤怒，还要注意停止使用你正用以惩罚自己并且还阻挡了好事发生的方式。

谦卑是通向自我宽恕的途径。原谅自己需要先接受自己的不完美，甚至是那些感觉上有却没根据的不完美。这需要谦卑地接受自己是一个不完美的人，做不到总是把事情做对或达成期望。如果要找回你的快乐，宽恕就是你绕不过的步骤。

宽恕是放下痛苦和怒气，是放下内心对报复和停不下来的愤怒的需求。当宽恕他人时，似乎更容易理解这些概念。当谈到宽恕他人时，我们面临三个常见的迷思：

- 宽恕意味着认可对方的所作所为；
- 宽恕意味着你们的关系保持不变；
- 宽恕意味着你放弃了感到自己被处境伤害的权利，也放弃了向他人表达负面情绪的权利。

现在，想想当我们让这些迷思作用于自身时，会是什么情形。

记住，内疚是一种自我愤怒的形式。愤怒是一种情绪，它告诉我们已经越过了某个界限。在自我愤怒的情况下，你已经越过了自己的边界，因为你没有将自己的行为与价值观边界统一起来。如果你原谅自己做了一些让你真正感到内疚的事，那并不意味着你做的那些事是对的，而是意味着你选择吸取教训，为其后果付出代价，并改变自己的行为。原谅自己也是一个让自己变得更好的机会。这种关系不应该一成不变。无论是鼓起勇气与内疚触发者进行艰难的对话，还是决定相信自己的直觉，宽恕自己就意味着成长，而不是保持一成不变。把你的内疚困境作为一个发展的机会，发展到下一个层次，诚实地面对你的那些自我阻碍的习惯，把它们丢掉。最后，当原谅自己时，你就选择了自我同情。你不再打击自己，而是决定温柔地对待自己。你甚至知道这有多难。你对自己说话的方式，就像你在乎的人挣扎着原谅自己时，你对他们说话的方式一样。

同样的道理，不原谅那些伤害过你的人意味着你放不下对他们和处境所感到的消极情绪，不原谅自己也意味着你对自己该释放的消极情绪仍然耿耿于怀。你可曾见过一个总是很快乐又一直气鼓鼓的人？你如果想找回快乐，就必须原谅自己。

总结你的教训

想想那些最折磨你的内疚窘境。这可能是你已经克服了的或感觉自己正在克服的,而能够克服这些窘境正是你阅读本书取得的成果。现在问问自己:在这种情况下,对我来说最重要的信息是什么?当你能够把自己遇到的挑战所教会你的东西用语言表达出来,你就巩固了自己真正拥有的新的或得到扩展的价值观。你知道自己相信什么、为什么相信,以及什么会为你带来平和的心境。

通过别人告诉我们,我们可以学到某些经验,但我们更倾向于接受的经验是从自身经历中学到的。不要对正在获取的信息和教训只是漫不经心,要表达得清楚一些。把它打印出来,放在自己面前。它会给你带来自由,随着自由而来的是快乐。

和让自己感觉良好的人交往

一些内疚触发者和操控者不像其他人那样容易与之划定界限。你不可能想让父母或孩子离开你的生活,但有些关系在你的生活中根本没那么重要。如果我们之前讨论过的设定界限的对话不起作用,是因为对方拒绝尊重你的界限,那就离开这段关系。然后开始有意识地寻求和那些不喜欢用内疚感绑架你的人,和那些愿意与你彼此真诚赞美的人一起培养健康的友谊。这些人应该和你有共同的价值观，这样你就不会觉得自己正在努力达成的是不属于自己的期望和价值观了。

和那些让你自我感觉良好的人在一起，和那些让你开心的人在一起，和那些你尊敬的人在一起，这是快乐的关键，听起来也很容易实现。我曾听安迪·斯坦利（Andy Stanley）牧师说过："在大多数情况下，我们和自己的同伴一样快乐。"这是事实。如果你真的想找回快乐，那就放下你的内疚感，有意识地选择和你共度时光的人。研究表明，只要你的社交圈里有一个快乐的人，你快乐的概率就会增加10%。幸福是会传染的。你最亲密的友谊和关系会向你传递什么？如果答案是内疚、怀疑或不安全感，那么是时候做出一些改变了。选择权在你手里。

去做些能让你放下内疚、找回快乐的事情

让自己置身于那些让你感到没有内疚感并且全身心快乐的人周围，这是一个步骤。另一个非常重要的步骤是做一些让你感到快乐而不是感到内疚的事情。是什么给你带来了快乐？是什么让你展开笑颜？什么活动和你的价值观非常一致，让你在从事这些活动时感到非常满足？我观察到，我们中的许多人都只是抽象地谈论和思考我们的梦想和想做的事情，却又无限期地推迟去做这些事情。现在就花点时间，看看有哪些你喜欢做但一直都没有做的事情。也许是志愿工作，也许是你梦寐以求的度假，也许是你一直认为自己可以跑的5000米，或者甚至是在家里做一些简单的事情。去做这些事情吧！不管是什么，开始做那些让你感觉良好、符合你的价值观的事情吧。

接下来，审视一下你正在做的那些与你的价值观不相符的事情。这些事情会让你感到内疚，比如你正在隐藏的一段感情；你既没有表达也没有接受的道歉；你想用来阅读某本书却从来没付诸实施的安静时光。如果现在你能确定自己可以投入多少时间，然后就去做，那结果会如何呢？通常是那些一直悬在我们头上的事情让我们因内疚而感到心情沉重。因此，要下定决心去做，停止拖延和犹豫，即使这很难做到，即使你感觉不喜欢，即使你对此感到焦虑。请记住，内疚正是成长和克服困难，努力从不适中走出来的机会。

研究触发幸福感的因素

我经过研究确认了13个能触发快乐的因素，我在自己的《快乐女人生活得更好：触发你快乐的13种日常方法》(*Happy Women*

Live Better: 13 Ways to Trigger Your Happiness Every Day）一书中对此做了详细讨论。大多数人出于习惯，会反复通过相同的途径获取快乐。但了解这13种方法可以帮助你明确地去做那些经常能立即给你带来快乐的事情。下面我将告诉你这13种方法，并给你一个宣言，你可以借此确认你的承诺，并将这些方法运用到自己的日常生活中。

期待：你在生命中的每一天、每一周、每一个阶段都应该有一些期待。如果你没有什么可期待的，那就创造出一些值得期待的东西。你要为此制订计划！它们可以很简单，比如记住你正期待裹着最喜欢的毯子，吃着爆米花，蜷缩在沙发上看今天晚上最喜欢的节目，记住你正精心地为两年后的梦想假期做计划。研究表明，即使你还没有真正经历过这些期待中的东西，但仅仅是做计划和预测，你就能得到同等的快乐。

宣言：每天，我要确保自己有值得期待的东西。

感谢：感谢你所拥有的，感恩能产生积极的情绪，让大脑释放出让人感觉良好的化学物质。只要想一想你为什么要感恩，就能让感恩的效果倍增。所以，定期花点时间想想让你感激的事情，甚至可以把它写下来，然后思考为什么它对你很重要。

宣言：我更关注自己已经拥有的东西，而不是没有的东西。

联结：很简单，联结就是爱。爱就在心与心相连的时候产生。

宣言：当与人交谈时，我全神贯注，不说话，只是听，与其心意相连。

服务：服务是一种将他人置于自己之前的态度，引导你做出积极的改变。你生活的核心目的就是服务他人。服务是我们在任何一天都能积极影响他人的方式。把注意力真正从自己身上移开，实际上会让我们更快乐，因为这样我们就可以正确地看待自己的生活。

宣言：每天至少做一件为别人增光添彩的事情。

使命：你的使命就是以独特的方式运用自己的天赋、才能和经验去服务和影响他人。它回答了一个简单的问题——为什么他人的生活会因为遇到你而变得更好？生活不仅仅是为了寻找快乐，有神圣的使命要你去完成。你的任务是洞察并完成自己的使命。记住这一点：虽然你的目标是独一无二的，但它不是为了你自己。你的使命总是在某种程度上帮助别人。

宣言：我的出生是有目的的，我不能辜负自己的使命。

运动：只要20分钟的有氧运动，就可以为你带来长达24小时的好心情。这是提高幸福感最快的方法之一。散步，在办公桌前做开合跳，遛狗，或者陪孩子出去玩耍……总之要动起来！

宣言：运动使人快乐。

玩：做一些以寻找乐趣为目的的事情，这会增加你的幸福感。在生活中有许多你需要不断超越才能实现的追求，但也有一些纯粹找乐的事情。真正的玩需要你完全沉浸在当下，这会让你放松，让你从那种诸事缠身的状态中解脱出来。

宣言：我允许自己开心地玩。

鼓舞人心之语：你的话语可以引发快乐，也可以引发消极情绪。要有意识地说积极的话，不要使用"本应该"这样会让你感到内疚的字眼，提醒自己还有选择的余地。

宣言：每一天，我都会说充满希望、平和和爱的话。

有财商：你的用钱之道可以让你更快乐。事实证明，量入为出，给予，购买体验而不是物质的东西（如与朋友共进晚餐而不是买一双新鞋）能带来更多的快乐。

宣言：我的目标是将生活支出控制在收入的 75% 以下。

微笑：我们认为自己微笑是因为我们快乐，这是真的。但即使我们不是特别开心，微笑也会让我们"感到"更开心。微笑时，肌肉收缩会触发人大脑中血清素和内啡肽的释放，所以要有意识地对别人微笑，即使没有什么开心的理由。

宣言：每一天我都要找到笑起来的理由，尤其是在感觉糟糕的日子里。

放松：拿出点时间什么也不做，只是休息和酣睡，这能增加你的快乐。所以，别只觉得做成事才有价值，你的"停机时间"也很重要。

宣言：我睡觉，我休息，我随遇而安。

心流：心流是你全神贯注于某项活动，完全沉浸其中的能力。进入心流状态时，你会感觉时间在飞逝。此时你的能力与你面对的挑战可谓势均力敌，你已进入自如之境。经常这样做，它会给你带来快乐。

宣言：我会尽量减少干扰，这样就能专心做好手头的工作。

享受当下：享受当下就是用你所有的感官，注意和感受当下的一切。放慢脚步，放开对过去和未来的思量，欣赏眼前的一切，就这样开始吧。

宣言：每天我都会停下来，用心感受当下的时光。

接下来你要做的事情

一个心无内疚的快乐的你

想象一下，当心无内疚的时候，你的生活将会是什么样的。当你把文字写在纸上时，尤其当这是你给自己设定的愿景时，就会发生一些令人震撼的事情。我们已经一起经历了本书的许多篇章，当这一旅程即将结束之际，我邀请你带着一个清晰的画面向前走，这幅画面所描绘的正是虚假的内疚感被真实的快乐取代之后的美妙景象。

你通过写作可以有力地应对挑战，得出这一结论的研究同时告诉我们，想象"未来可能最好的自己"这一场景同样非常有效。现在就请拿出15分钟的时间，来想象你没有任何内疚在心的情景。我希望你把它详细地写下来。用一般现在时来写这篇文字，看看自己是如何温和地划定界线，勇敢地重置期望，自由自在地拥抱这种真实地面对自己的生活使命和神圣职责的快乐的。现在就拿出点时间，来生动地描述内心没有内疚的自己。

后记

永远放下内疚的秘诀

在一个星期二的下午五点半左右，我们团队的最后一名成员离开了离我家只有三英里远的办公室。这个办公室是我为自己的事业打造的明亮而令人振奋的小小空间。我努力工作了很多年，终于走到了这一步，可以把这样一个地方称为我的事业家园。我不是随便找这个地方落脚的，是因为我能想象到自己在这里写作的情景。这里的大落地窗能让我看到亚特兰大市区宁静如画的自然之美。我指的是树林的景色，这里有很多树。

当我坐下来思考后面两个小时的写作计划时，四头雌棕鹿和一头雄鹿一家子从我们这座楼和隔壁楼之间的浓密灌木丛中走了出来。它们优雅地大步走进我办公室窗前一片高大松树间的开阔地带。其中的两头鹿停了下来，远远地盯着我看了一会儿，判断我是不是一个威胁。然后，它们冒险向穿过郊区森林的小路另一边的池塘走去。

我深吸了一口气,接着想剩下的工作。我一般不熬夜,但今天晚上,为了顺利完成本书,我需要多写一点。这本书对我来说是一个非常重要的项目。

在这样一个风景优美的环境中,在安静的办公空间,我的创造力被激发了。创造力经常不幸被内疚感压住,在我最需要集中注意力的时候,它却成了我心头的负担。但今晚,我感到放松,并且格外专心,我可以随心所欲地写自己心中所想。

这是一种什么样的感觉呢?我一边休息一边思考着。就在这时,我想明白了。这是一种喜悦的感觉——过去当需要工作到很晚时,我通常不会感受到这种喜悦。今晚我是有备而来的,我向丈夫解释了书稿的截稿日期,并请他处理好与三个学龄儿童有关的工作日晚上的忙乱事儿——接送上学和参加课外活动、吃晚餐、监督家庭作业和打发就寝。同一时间,我则一直待在办公室里做我需要做的事情。要是在过去,这样做会触发我的内疚感。但现在,我意识到这个触发事件已经失灵了。"你应该每天晚上都待在家里,否则你就不是个好妈妈或者好妻子"的想法被取代了,

后记
永远放下内疚的秘诀

变成了"有时候你需要改变你的时间表来适应自己的工作现实"的想法。幸运的是，你有一个百分百支持你的伴侣。对于你的孩子来说，你是有目标、能坚持的榜样。这不仅仅是一句需要反复念叨的座右铭，我在身体力行，亲身感受它——那感觉绝对棒极了。

没有内疚，没有疑虑，生活快乐而平和，因为我完全能够自主地选择，它们反映了我所珍视的价值观。

我希望你的这次阅读旅程也改变了你的视角，能帮助你区分真正的内疚感和虚假的内疚感，然后把它放下，这样你就可以重新获得生活中那些可以实现的快乐了。我请你在有需要的时候经常重温这些概念，因为放下内疚并不是一个一次性的行动步骤。它是你随着时间的积累才能形成的一种韧性，要留意自己的想法，要在那些难以控制的想法控制你之前控制它们。这是你必须反复练习的事情。就像肌肉一样，你锻炼得越多，它就会变得越强壮。你每天都会受到考验，当你亲近的人引你入内疚之"坑"，当你没有达成自己的期望，以前那样的想法和期望就会悄悄潜入。

所以，要记住以下这些要点。

- **这没什么关系，不要自责**。总有一天，你将比别人更擅长放下内疚。注意你的现状并不断尝试。继续前进，拒绝气馁。当你能发现自己在出于内疚而做决定时，把这也看作一种进步，因为这意味着你在给这种情绪贴标签，允许自己在被"战斗或逃跑"反应接管之前先暂停一下。记住：放下内疚是一个只有你自己才能做的决定。

- **放下内疚是一种选择，但它不能一蹴而就**。你如果想一步到位，就会因没能放下所有内疚而感到内疚。相反，这是一个不断重复的过程。你要下这样的决心：无论再有多少次落入内疚感的泥潭，你都将再次选择对其进行抽丝剥茧的分析，这样就可以解除虚假的内疚感。现在就停下来告诉自己，你会一次又一次地做出这样的决定，直到没有内疚感的生活成为你的新常态。

- **放下内疚需要大量练习，所以要勤练不辍**。你练得越多，就越容易放下。直到有一天，你会发现自己身上的重负已经解除了，你的快乐回来了，你的内心又恢复了平静。

- **人们总是情不自禁地想回到安全区**。不要忘记幸福是一种冒险。当你决定专注于快乐时，恐惧情绪可能就会抬头，会恳求你不要再为追求更大的梦想而冒险。魔鬼的本能就是杀死、偷窃和破坏——对象也包括你的快乐。不要通过制造不必要的内疚感而回到抑制快乐的安全状态。

- **即使有了自己的价值观，你也会不断地受到炮轰，要把你赶到相反的方向**。你周围的人都会指望你，这对你是一个考验。要敢于坚持自己的价值观，做对自己有意义的事。

- **内疚引导着你的许多决定，这是一件好事**。真正的内疚感会帮助你把自己的价值观和行为统一起来。这是让你能在生活中成功的因素之一。人们信任你，而你想做正确的事。有责任心对你来说是好事，责任心意味着你会努力达成期望。只是要注意你付出努力是为了达成谁的期望。

- **你的那些内疚触发者可能不会轻易放过你**。如果你得与某人（或某几个人）打交道，而他们长期以来一直用内疚之"坑"来与你沟通，那你可能需要做更多的练习，才能打破这种局面。别让他们把你打垮！相反，要拆掉他们一直按个不停的内疚按钮，不要再对此做出自动反应，要以此来反击他们。设定界限并坚持下去，很快他们就得到其他地方去施展其挖"坑"功夫了。

- **幸福需要练习**。我告诉过你本书最终是关于幸福的。内疚会偷走你的幸福感。当你放下内疚，就为更多的幸福腾出了空间。但这并不是自然而然发生的；幸福是一种习惯。你要用一些方法来触发你的幸福感，每天都有意识地做出选择，要选择快乐。

感谢你们这一路上让我担任你们的教练。我很想知道你是如何放下内疚的，所以你可以在 Twitter、Instagram 或 Meta 上 @valorieburton 给我留言。

Let Go of the Guilt by Valorie Burton
ISBN13: 9780785220213
Copyright © 2020 Valorie Burton
This edition published by arrangement with Thomas Nelson,a division of HarperCollins Christian Publishing, Inc. through The Artemis Agency.
Simplifiified Chinese version © 2023 by China Renmin University Press.
All rights reserved.

本书中文简体字版由 Thomas Nelson 通过 The Artemis Agency 授权中国人民大学出版社在中华人民共和国境内（不包括香港特别行政区、澳门特别行政区和台湾地区）独家出版发行。未经出版者书面许可，不得以任何方式抄袭、复制或节录本书中的任何部分。

版权所有，侵权必究。

北京阅想时代文化发展有限责任公司为中国人民大学出版社有限公司下属的商业新知事业部，致力于经管类优秀出版物（外版书为主）的策划及出版，主要涉及经济管理、金融、投资理财、心理学、成功励志、生活等出版领域，下设"阅想·商业""阅想·财富""阅想·新知""阅想·心理""阅想·生活"以及"阅想·人文"等多条产品线。致力于为国内商业人士提供涵盖先进、前沿的管理理念和思想的专业类图书和趋势类图书，同时也为满足商业人士的内心诉求，打造一系列提倡心理和生活健康的心理学图书和生活管理类图书。

《情绪自救：化解焦虑、抑郁、失眠的七天自我疗愈法》

- 心灵重塑疗法创始人李宏夫倾心之作；
- 本书提供的七天自我疗愈法是作者经过多年实践验证、行之有效、可操作性强的方法；
- 让阳光照进情绪的隐秘角落，让内心重拾宁静，让生活回到正轨。

《战胜抑郁症：写给抑郁症人士及其家人的自救指南》

- 美国职业心理学委员会推荐；
- 一本帮助所有抑郁症人士及徘徊在抑郁症边缘的人士重拾幸福的自救手册。

《边受伤边成长：超越依赖与自卑（修订版）》

- 日本国民心理大师加藤谛三心理学经典之作；
- 世界上只有一种投资是稳赚不赔的，那就是拥有不被爱的勇气，好好爱自己。